★ 地球动物 ★

LIFE ON EARTH

解密地球

BEFORE LIFE

The Diagram Group / 著

胡煜成 / 译

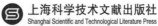

上海科学技术文献出版社

Shanghai Scientific and Technological Literature Press

图书在版编目（CIP）数据

解密地球 / 美国迪亚格雷集团著; 胡煜成译 . —上海：上海科学技术文献出版社，2014.6

（美国科学书架：地球动物系列）

书名原文：Before life

ISBN 978-7-5439-6120-3

Ⅰ . ① 解… Ⅱ .①美…②胡… Ⅲ .①生命起源—青年读物②生命起源—少年读物　Ⅳ . ① Q10-49

中国版本图书馆 CIP 数据核字（2014）第 005830 号

图字：09-2014-111

总 策 划：梅雪林
项目统筹：张 树
责任编辑：张 树 李 莺
封面设计：一步设计
技术编辑：顾伟平

解 密 地 球
The Diagram Group　著　胡煜成　译
出版发行　上海科学技术文献出版社
地　　址　上海市长乐路 746 号
邮政编码　200040
经　　销　全国新华书店
印　　刷　常熟市华顺印刷有限公司
开　　本　650×900　1/16
印　　张　9
字　　数　100 000
版　　次　2014 年 6 月第 1 版　2018 年 3 月第 3 次印刷
书　　号　ISBN 978-7-5439-6120-3
定　　价　18.00 元
http://www.sstlp.com

目 录

　　《地球动物》丛书是一套简明的、附插图的科学指南，它介绍了地球上的生命最早是如何出现的，又是怎样发展和分化成为今天阵容庞大的动植物王国。这个过程经历了千百万年，地球上也拥有为数众多的生命形式。在这段漫长而复杂的发展历史中，我们不可能覆盖到所有的细节，因此，这套丛书的内容清晰地划分为不同的阶段和主题，让读者能够逐渐获得一个整体的印象。丛书通过正文、标示图标、注释、标题和知识窗等各种方式帮助读者掌握重点信息，相关网站则为读者提供了关于附加信息的网络资源链接。

　　《地球动物》丛书总计六册，《解密地球》是其中的一卷。这一卷我们介绍了地球的形成和演化，地球上发生的有趣的现象，以及地球上的生命过去和现在的样子。我们按以下七部分讲述：

　　第一部分：宇宙起源。介绍了科学家对宇宙形成的种种理论和看法，以及目前所掌握的关于宇宙形成的证据。

　　第二部分：宇宙构成。介绍了星系、恒星以及其他宇宙天体的演化过程。

第三部分：我们的太阳系。在这里我们可以进一步了解我们所在的太阳系，包括太阳系的形成及结构、行星及其卫星、小行星和彗星。

第四部分：地球。介绍了地球在宇宙中的行为，地球的卫星月球以及地球上的化学构成。

第五部分：地壳运动。告诉我们地球的大陆和海洋是如何形成的，这个驱动力来自地球内部的运动。

第六部分：岩石。介绍了组成地壳的各种类型岩石的组成。

第七部分：侵蚀过程及其他，告诉我们岩石是如何在外力的作用下受到磨损和分裂的，这有助于我们理解今天所看到的地质景观。这一章还介绍了潮汐、洋流和气候变化的知识。在这一章的最后，介绍了地球上的早期生命。

《地球动物》丛书囊括了所有的生命形式，从细菌和海藻到树木和哺乳动物。它重点指出，那些幸存下来的物种对环境的适应和应对策略具有无限的可变性。它描述了不同的生存环境，这些环境的演化过程以及居住在其中的生物群落。系列中的每一个章节都分别描述了根据分类法划分的某些生物组群的特性、各种地貌或这颗行星的特征。

《地球动物》是由自然历史学的专家所著，并且通过线条画、标示图表和地图等方式进行了详尽地诠释。这套丛书将为读者今后学习自然科学提供核心的、必要的基础。

一

宇宙起源

宇宙的诞生

　　最开始人们认为宇宙是由神明创造出来的。这种神创论的思想曾经非常普遍，因为当时的科技力量还不够强大，人们根本说不清楚为什么世界会是这个样子，所以只好认为一切都是由全能的神明创造的。直到今天神创论的思想仍然存在，在宗教里这种思想

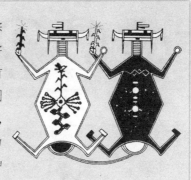

　　世界上大多数宗教都有自己的关于宇宙起源的故事。所有这些故事都是用神创论来解释宇宙的诞生，它们的共同点是认为宇宙万物是被某种神明的力量创造出来的。

更加明显,有些人现在还迷信宇宙是由神明创造的。

科学家从来不迷信,他们相信的是"理性的观点"。科学家的做法通常是这样:首先对自然现象进行观察和分析,在这个基础上提出假设和猜想,之后再去寻找实验上的证明和证据来检验他们的观点。

在科学研究中最重要的一点是:科学家在整个研究过程中应该不带有任何偏见地去分析和推理,努力不让结果受到任何信条或看法的影响。

知识窗

科学家喜欢收集证据,他们可以用这些证据来检验他们的观点是否正确,接着他们可以对猜想和论断做出相应的调整。科学研究是一个不断完善的过程,在这个过程中,科学家会保持开放的头脑,随时准备去修正自己的观点,不断地接近真理。科学家正是用这样的办法在研究宇宙的起源和本质问题,系统地提出理论并且不断进行修正。

1 观察 ≫ 2 分析 ≫ 3 猜想 ≫ 4 实验 ≫ 5 结果 ≫ 6 理论

科学上的结论

在19世纪20年代，天文学家维斯托·斯里弗和埃德温·哈勃的重要发现引发了一个重大猜想：整个宇宙由时间和空间中的一个点膨胀而来。从这时起，科学家开始提出一系列假说，希望能用这些假说解释清楚宇宙的起源，这便是现代宇宙学的开始。1927年，比利时天体物理学家乔治·勒梅特提出"大爆炸理论"，认为宇宙最初是一个密度极高的物质球，很久以前发生过一次巨大的爆炸，这个爆炸就是宇宙的开端。

1920年，美国天文学家维斯托·斯里弗发现来自遥远星系的光波会发生变形，由此他提出宇宙在膨胀的猜想。1923年，埃德温·哈勃认为，宇宙可以看作是一个不断充气的气球。

宇宙

它是如此广阔，广阔得可能没有边界；它是如此神秘，神秘得不可能被理解：它为什么会存在？它究竟怎样存在？

1948年，三位英国天文学家赫尔曼·邦迪、托马斯·戈尔德和弗雷德·霍伊尔提出了"稳态理论"。稳态理论与大爆炸理论完全不同，这一理论认为，宇宙中的物质在不断地创生着，创生出来的物质刚好填补由于星系间的膨胀所带来的空缺。在稳态理论下，宇宙可以不需要有开始或结束，但宇宙必须是无限大的。然而最初科学家认为，如果宇宙没有边界大下去，那么恒星的数目也会无限地大下去，这就是说无论站在宇宙中的哪一点，我们都可以看到无数个恒星发出的光，所以我们看到的宇宙应该全部是白色的，没有任何黑色的地方。然而

"大爆炸理论"
根据这一理论，宇宙中的时间、能量、物质全部来自150亿年前的一场超级大爆炸。

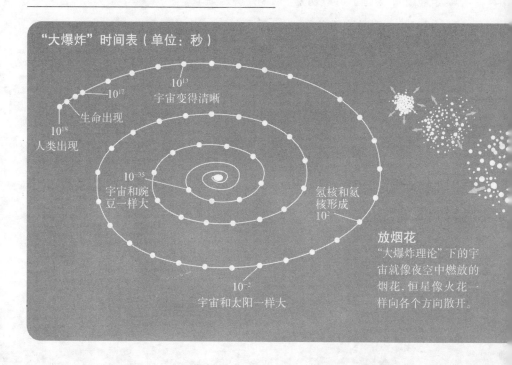

"大爆炸"时间表（单位：秒）

10^{13} 宇宙变得清晰
10^{17} 生命出现
10^{18} 人类出现
10^{-35} 宇宙和豌豆一样大
10^{2} 氢核和氦核形成
10^{-2} 宇宙和太阳一样大

放烟花
"大爆炸理论"下的宇宙就像夜空中燃放的烟花，恒星像火花一样向各个方向散开。

知识窗

　　大爆炸理论和稳态理论曾经都很流行。1964年，美国物理学家罗伯特·迪克预言宇宙中存在着"宇宙微波背景辐射"，这一预言如果得到证实，将会是大爆炸理论的一个有力证据。美国天文学家阿尔诺·彭齐亚斯和罗伯特·威尔逊在1965年证实了这一预言，从这以后稳态理论便不再流行了。迪克后来提出了一种折中的观点，叫做"循环演化理论"。这种理论认为宇宙在周而复始地膨胀和收缩，一次膨胀和收缩的时间周期大约为450亿年。

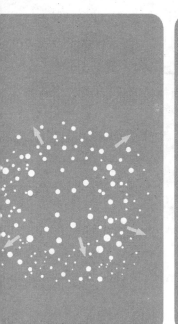

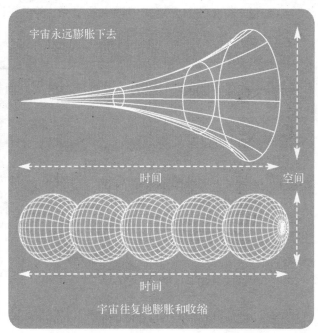

宇宙永远膨胀下去

时间　　　　　　空间

时间

宇宙往复地膨胀和收缩

到了1929年，埃德温·哈勃发现了"哈勃定律"，这条定律告诉我们，距离地球超过100亿光年的星系我们是无法看到的，这是因为那里的恒星以超过光速的速度在膨胀，它们发出来的光永远也到不了地球上。哈勃定律表明宇宙只有一部分是可以看到的，而另一部分是不能被看到的，因此宇宙可能是有限的，也可能是无限的。

科学依据

来自遥远星系的光波会发生变形，这种现象叫做"红移"。我们想象一束白光来自太阳，这束光会以光速到达地球上，可是如果这束光线来自一个正离我们远去的星系，当它到达地球时光波会被拉长，这时这束光看起来就像是向光谱的红端偏移了，也就是说它变红了；相反，如果星系正向我们靠近，来自它上面的光就会向光谱蓝端偏移（"蓝移"），因为光波被压短了。上面描述的现象叫做"多

宇宙起源的理论需要有科学的依据。例如，我们发现来自遥远星系的光波会变形，这表明我们的宇宙正在膨胀。

约翰·克里斯蒂安·多普勒　　埃德温·哈勃

普勒效应"，它是由奥地利物理学家约翰·克里斯蒂安·多普勒在1842年发现的，只不过他当时研究的是声音而不是光。

在"红移"现象的帮助下，埃德温·哈勃找到了一条定律，定律描述了星系与地球间距离和星系远离地球的速度之间的关系，定律中出现的常数叫做"哈勃常数"。有了这条定律，科学家们就可以比较星系间的"红移"量，并以此来估算宇宙的年龄和大小。然而要使用"哈勃常数"，我们就必须假定宇宙膨胀的速度是不会减慢的，这与循环演化理论是矛盾的，因为后者认为宇宙的膨胀和收缩是交替着进行的。事实上，最近的证据表明，目前看来宇宙的膨胀速度确实是越来越快，宇宙中的物质也变得越来越杂乱无章。

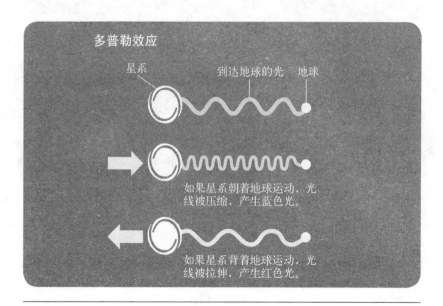

多普勒效应

星系　　　　　　到达地球的光　地球

如果星系朝着地球运动，光线被压缩，产生蓝色光。

如果星系背着地球运动，光线被拉伸，产生红色光。

多普勒效应
当白色光波向远离地球的方向运动时，在地球上看到的光波会偏红，这是多普勒效应的一种表现。

知识窗

　　1964年，罗伯特·迪克提出"微波背景"，它是"大爆炸理论"的一个有力支持。"微波背景"是"宇宙微波背景辐射"的简称，这是一种很微弱的电磁场辐射，它在整个天空中均匀分布，在各个方向上都能被接收到，科学家认为它是当年那场大爆炸留下来的证据。大爆炸之后，微波背景充满了整个宇宙，随着宇宙的膨胀，微波背景的波长也跟着伸长，现在的波长大约为1毫米。

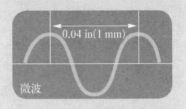

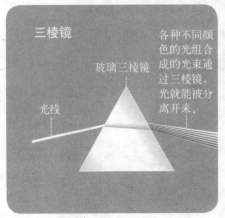

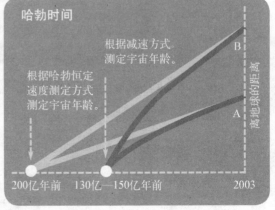

光的折射（上）

白色光通过三棱镜后，光线发生了偏折，各种颜色的光被分离出来，形成了一列光谱。

哈勃时间（上）

埃德温·哈勃通过计算，估算出宇宙的年龄大约有200亿岁了。

二

宇宙构成

宇宙的结构

按照形状分类,星系可分为三种基本类型:椭圆星系、旋涡星系和棒旋星系。星系通常非常巨大,包含了大群大群的恒星,这些恒星围绕着星系的中心旋转,在旋转的作用下,椭圆星系会从中心甩出一些"手臂"来,这就形成了旋涡星系和棒旋星系,那些介于螺旋星系和椭圆星系之间的星系,看起来中间厚四周薄,叫做透镜状星系。我们所在的星系叫做银河系,它属于旋涡星系,包含有1 000亿个恒星,银河系的直径大约为10万光年,厚度约为2万光年,我们的太阳距离银河系中心大约3万光年,太阳环绕银河系的中心运动,运行一周大约需要22千万年。

现在让我们来感觉一下银河系是多么大:离太阳最近的恒星是一颗叫做半人马座比邻星的白矮星,它与太阳的距离为4.24光年,一光年就是光在一年的时间里走的路程，大约为94 080亿千米，半人马座比邻星离我们有40万亿千米远。然而这么大的距离放在宇宙中却小到可以忽略不计，因为宇宙的直径至少是100亿光年，这相当于946 000 000 000 000亿千米。

星系分类（上）
通常，星系的几何形状由星系的旋转情况决定。

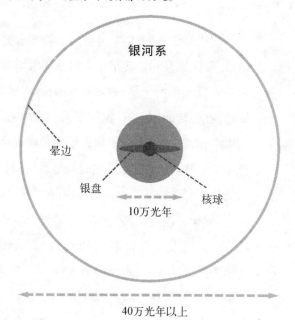

银河系（上）
我们所在的星系叫做银河系，当我们通过望远镜观察它时，我们可以看到数以百万计的恒星，它们聚集在一起，就像一团白云一样。

世界真奇妙

宇宙是有界的吗？宇宙是无界的吗？为了解释奥妙的宇宙，人们提出了各种各样的猜想。一部分人倾向于认为时间和空间没有起点也没有终点，另一部分则认为时间和空间应该开始于某一点。然而无论通过哪一种观点去理解宇宙，都是非常困难的，这是对人类思维和逻辑能力的极限挑战。

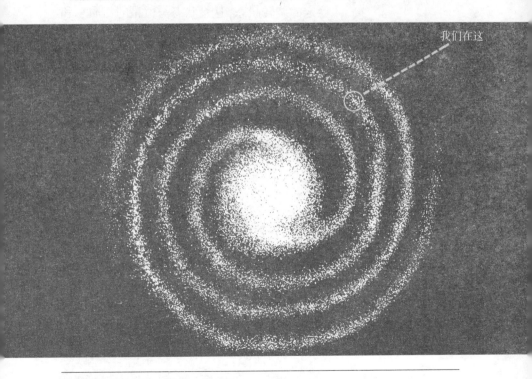

我们在这

我们所在的星系

银河系里有数不清的恒星，地球所在的太阳系只是其中很普通的一员。

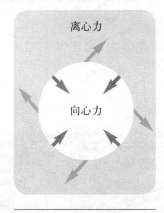

方向相反的两个力
离心力和向心力相互平衡，让物体能够稳定地转动。

太阳系的形成
旋转和万有引力提供了离心力和向心力，为太阳系的产生创造了条件。

恒星的一生

恒星漫长的一生开始于星云，星云是由星际气体和星际尘埃组成的云状物质，星云最初非常稀薄，慢慢的星云里的物质聚集成一个旋转着的球体。一方面球体由于旋转而产生离心力，另一方面球体里的物质具有万有引力，在这两个力的共同作用下，球体能够保持一个稳定的旋转状态，这个状态与恒星的物质总和有关，也与恒星的转动快慢有关。如果恒星的物质总和足够大，由于万有引力的作用，原子与原子间会受到巨大挤压力，当原子承受不住

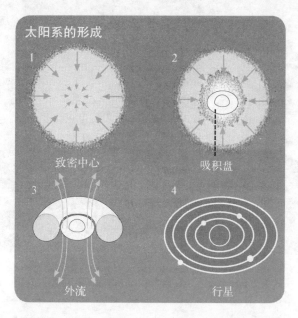

太阳系的形成

1 致密中心

2 吸积盘

3 外流

4 行星

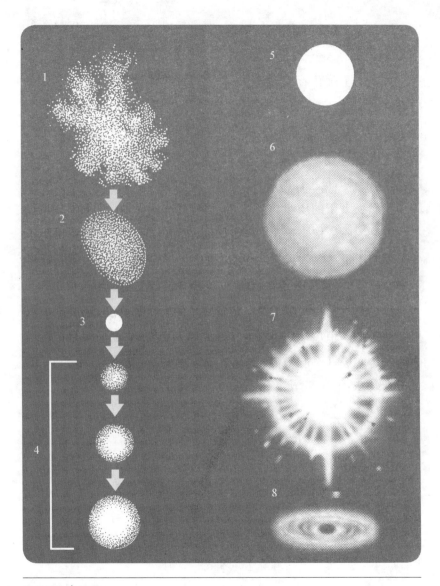

恒星的生命周期

1. 诞生　2. 星云的收缩　3. 蓝色的恒星开始发光　4. 恒星膨胀　5. 红巨星　6. 红超巨星　7. 超新星　8. 脉冲星

这个压力时会激烈碰撞并且塌陷,发生核反应,像太阳一样释放出巨大的能量。

对于一个旋转着的物体,离心力是使物体远离旋转中心的力,向心力则相反,它是使物体靠近旋转中心的力。物体的转动会产生离心力,但不会产生向心力,为了维持转动,需要通过别的方式来提供向心力,对于天体,向心力是由万有引力提供的,又比如牛仔手中的绳套,向心力是牛仔的手对绳子的拉力。

我们把太阳的质量作为一个标准单位,叫做"一个太阳质量"。有些恒星的质量相当于几百个太阳质量,也有一些恒星的质量小于一个太阳质量。太阳和与太阳类似的恒星属于矮星系,太阳是矮星系中的黄矮星,其他的还有超巨星、巨星、亚巨星和亚矮星。

恒星的质量和密度不仅决定了恒星的大小和亮度,还决定了恒星的"寿命"。恒星上所进行的核反应叫做聚变,它的后果是把恒星中的氢转变成氦,同时释放出大量能量,总有一天,能量耗尽了,恒星也就熄灭了。

世界真奇妙

在恒星的能量耗尽后,它们通常会变成中子星,中子星的密度极高,产生的引力也极大,那些最大的中子星能够把光线都吸引回去,这就形成了神奇的黑洞,这些黑洞像星系里的一张大口,不断吞噬着它周围的天体。

恒星的死亡

恒星最终耗尽了燃料，走向了坍塌。

恒星发出的光线向各个方向射出。

随着恒星的收缩，靠近恒星表面的光线被引力拉了回来。

恒星的吸引力更加强大，只有从特殊角度发射的光线才能逃逸出来，其余角度光线还没发出来就被恒星吸收了。

恒星进一步收缩，所有光线都被吸引回去。

最后，恒星任何光线都发不出来，奇妙的黑洞诞生了。

天　体

　　在我们的宇宙中存在着一场力与力的战斗，战斗的一方是万有引力，它试图把所有的物质都吸引到一点。战斗的另一方是原子和分子间的排斥力，它极力阻碍原子和分子彼此靠得太近。战斗导致的后果是宇宙中的物质聚集成一个个的球，在球的旋转过程中，战斗仍然在继续，万有引力成了旋转的向心力，而排斥力则成为离心力的一部分，正是在这场战斗的作用下，星云变戏法一样成为一系列旋转的天体，这些天体包括恒星、行星、卫星和彗星。

　　恒星是一个非常大的气态球，主要成分是氢和氦，恒星中的氢

> 　　星云的收缩过程是一件很有意思的事情：万有引力把星云的各个部分都往一点拉，同时原子和分子却相互排斥，不愿意靠得太近。

彗星（NEAT：近地小行星搜索计划）
彗星疾驶在宇宙中，它是由冰块和碎片组成的球。

不断地转化为氦，在转化过程中产生大量的能量，这些能量以电磁辐射的形式释放出来，这便是恒星发出来的光和热。

行星通常是一个固态球体，不过有一些行星的表面被气态或液态物质包围着，行星围绕着恒星转动。卫星和行星类似，但卫星围绕着行星转动，而且卫星上的液态和气态物质一般要比行星上少。

彗星主要是由冰和尘埃组成，当彗星的轨道靠近太阳时，在太阳风的作用下，彗星的表面会蒸发，产生出很多小碎片，这些碎片在远离太阳的方向上形成一条长长的尾巴。太阳系中还散布着很多小行星和流星体，流星体是一些形状不规则的矿物质，一些流星体闯入地球的大气层，就成了我们看到的流星，流星落在地上的残留物就成了陨石。

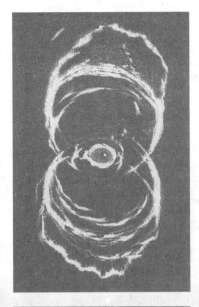

沙漏星云
这个美丽的星云看起来像是两个球相交在一起。

射手座星云
这个星云中的物质形成了一个不规则的云团。

三

我们的太阳系

太 阳

太阳的直径为140万千米，其中心温度高达1 500万℃，表面的温度也在5 500℃左右。

太阳的能量来自核聚变，在这一过程中氢转化成氦。这个反应最初需要恒星内部的高温来引

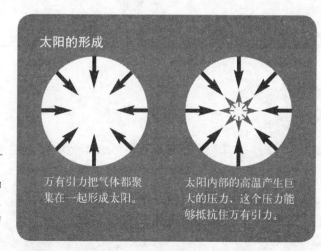

太阳的形成

万有引力把气体都聚集在一起形成太阳。

太阳内部的高温产生巨大的压力，这个压力能够抵抗住万有引力。

太阳是如何形成的
在万有引力作用下，太阳内部产生了巨大的压力，这个压力点燃了太阳的核聚变反应。

18

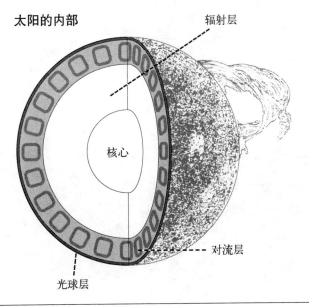

太阳的内部

辐射层

核心

对流层

光球层

太阳的内部（上）
太阳的内部结构依次为：色球层、对流层、辐射层和核心。

发,这个高温来自万有引力对恒星的压力,一旦反应开始,它就会自己进行下去。太阳已经燃烧了差不多47亿年,它上面仍然有着充足的燃料。太阳的成分有70%是氢,29%是氦,剩下的1%主要是氧和碳。

如果把太阳剖开,我们可以看到太阳从内到外可以分为六层。最中心的部分叫做核心,核聚变就是在那里进行的,核心外面包围一层厚厚的辐射层,辐射层再往外是薄一些的对流层,对流层里的物质在不断地流动。

对流层外面是两层很薄的大气层,里面的一层叫做光球层,太阳的光就是光球层发出的,外面的一层叫做色球层,在色球层里温度逐渐降低，使太阳呈现出黄色。太阳的最外面还有一层日冕，日冕可以看成是太阳的外大气层，日冕里面主要是太阳发出的电磁辐射，含有大量的X射线。日冕的形状会发生周期性改变，但在地球上用肉眼是看不到的，除非发生了日全食。

知识窗

　　太阳的电磁辐射占据了很广的一段光谱，在电磁波谱中，伽马射线波长最短，X射线次之，后面依次是紫外线、可见光、红外线和射电波。

　　地球的大气层能够阻挡大部分的有害辐射。

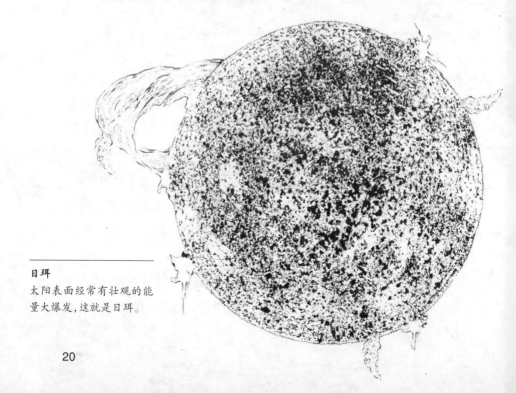

日珥
太阳表面经常有壮观的能量大爆发，这就是日珥。

太阳系

太阳系里一共有八大行星,按照离太阳的距离从近到远依次是:水星、金星、地球、火星、木星、土星、天王星、海王星。

在适宜的时候,地球上可以用肉眼看见的行星有水星、金星、火星、木星和土星,因此早在古代人们就已经发现了这些行星。另外三个行星离我们太远,直到人们发明并改良了望远镜,才通过望远镜的帮助发现了它们。天王星是英国天文学家威廉·赫歇尔在1781年发现的。1800年,法国人拉朗德其实就已经观察到了海王星,但直到1846年德国天文学家伽勒才让海王星正式成为行星家族中的一员。

简单说来,太阳系就是太阳以及那些围绕着太阳转动的天体,宇宙中像太阳系这样的系统还有几万、几亿个。

威廉·赫歇尔

威廉·赫歇尔
赫歇尔是最早认识到宇宙浩瀚广阔的科学家之一。

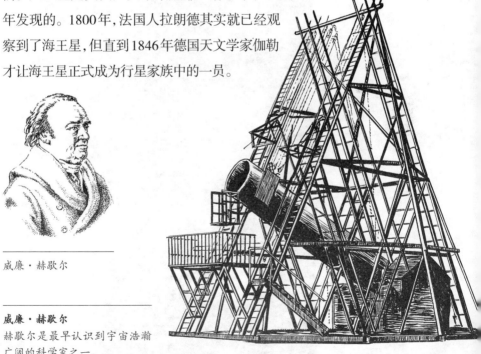

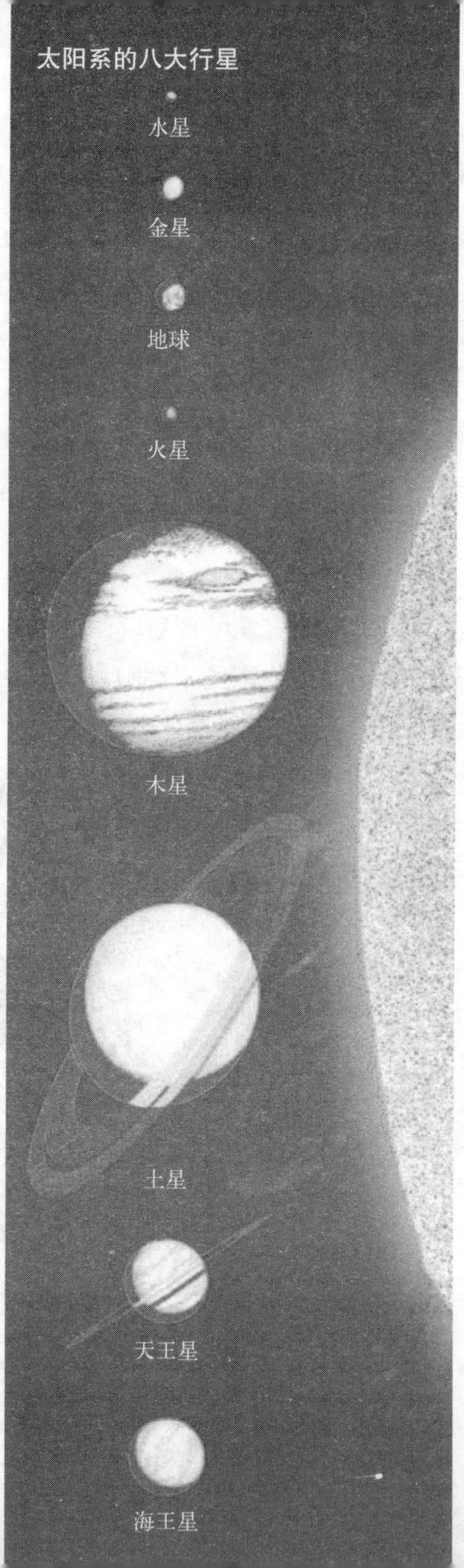

太阳系的八大行星

水星

金星

地球

火星

木星

土星

天王星

海王星

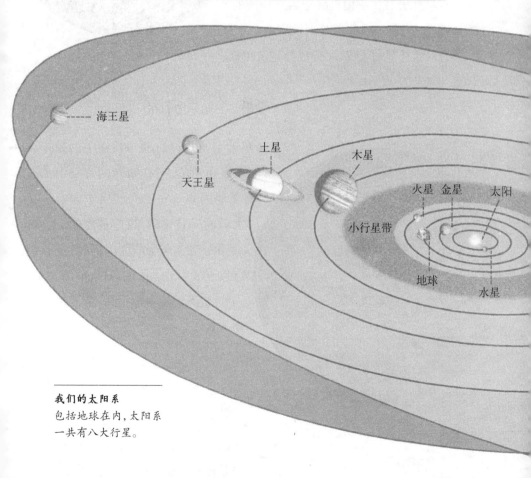

海王星

天王星

土星

木星

火星　金星　太阳

小行星带

地球

水星

我们的太阳系
包括地球在内,太阳系一共有八大行星。

行星 1

我们按照行星离太阳的距离将它们从一到八排序。

水星　第一个行星

水星的名字来源于古罗马神话,它是掌管通信的神的名字。在夜空中可以偶然看到水星在闪烁。水星外表有一层由硅酸盐岩石构成的硬壳,而它的内部主要由铁构成。水星上有一层稀薄的大气,主要成分是氩和氦。

金星　第二个行星

金星的名字是以古罗马神话中的爱神的名字命名的,它在晴朗的夜空中明亮地闪耀。它的大气层中含有大量的二氧化碳,这些稠密的二氧化碳能大量吸收太阳辐射,金星上的大气压是地球的90倍,金星表面的温度也很高,能够达到480℃。

知识窗

水星是太阳系里最小的行星,它的表面积相当于非洲和亚洲的面积之和。

火星　第四个行星

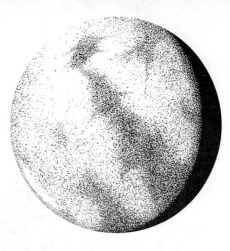

火星是古罗马神话中的战神,之所以叫它战神,是因为火星看起来像一团红色的火焰,这是因为火星的地壳中含有大量的铁的氧化物。长期以来人们认为,八大行星中,火星上最可能有生命的存在,因为火星上含有水,不过这些水都结成了大冰块。火星上的大气也同时含有氧气和二氧化碳,不过它们非常稀薄,火星上的大气压还不到地球的1%。人类很有可能在21世纪登上火星。

木星　第五个行星

木星是古罗马神话中最大的神,木星本身也非常巨大,而且它还有很多卫星。土星有时可以在地球上看得非常清楚,公元4世纪,一位中国天文学家甚至用肉眼观察到了木星周围的大卫星。氢和氦的混合气体构成了木星的大气层,木星大气里的活动非常剧烈,在木星的大气层下面是由液态的氢形成的海洋。

知识窗

我们想象一个人绕着地球匀速慢跑,他的速度是9千米/小时,照此速度,他需要173天才能绕地球一周,而如果他是在木星这个太阳系最大的行星上去跑的话,5年时间都未必能跑完。

在地球上可以用肉眼看到土星,但天王星、海王星则需要借助于望远镜才能看到。

土星　第六个行星

土星是古罗马神话中掌管农业的神,他是Jupiter(木星)的父亲。土星几乎完全由氢构成,是八大行星里唯一一个密度比水小的行星。土星周围有一个很漂亮的环,1610年,意大利科学家伽利略通过望远镜观察到土星,他是第一个发现土星环状结构的人。

天王星　第七个行星

天王星来自古希腊神话里第一个主宰宇宙的神。在1781年天王星被发现时,人们认为这是太阳系最外端的行星了,所以给它取了一个这样的名字。很多年来天王星被误认为是一颗恒星,直到威廉·赫歇尔通过望远镜发现天王星只不过是在反射太阳光而已。

海王星　　第八个行星

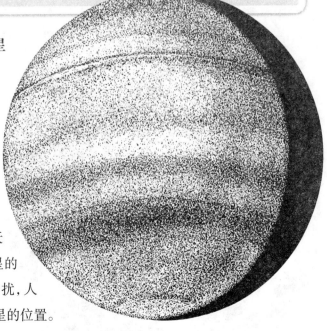

　　海王星是古罗马神话中的海神,这是因为海王星呈现出蓝绿色,让人联想到海洋。人们首先根据计算预测出海王星的位置,然后才根据预测发现了海王星,当海王星和天王星运行得很近时,海王星的吸引力会对天王星产生干扰,人们正是依此计算出了海王星的位置。

27

四

地　球

　　地球是距离太阳第三近的行星，按照大小排列，八大行星中地球排在第五位。

地　球

　　地球环绕着太阳转动，叫作公转。地球公转时与太阳的平均距离为1.496亿千米，公转轨道的直径是1.2756万千米，周长是4.008千米。地球公转

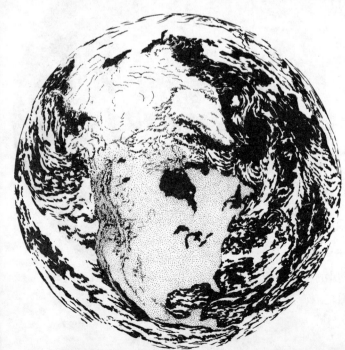

地球（左）

在目前我们知道的星球里，地球是唯一一个适合生命居住的星球。

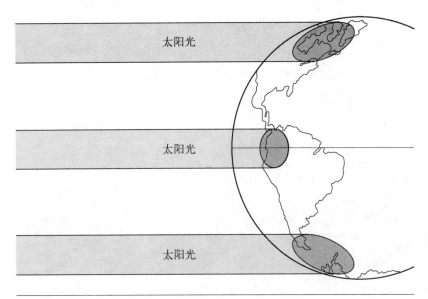

太阳光

阳光到达地球前要经过大气层，当阳光垂直照射时，它在大气层中通过的距离最短。

一周的时间为365.333天，我们称这一周期为"恒星年"，它和日历上的年有一点不同，因此每隔4年我们便在日历上多加一天，这样有时一年会有366天，称为闰年。地球还会绕着它的一根轴转动，叫做自转，地球自转一周的时间为一天。

地球的自转轴和地球的公转平面之间有23.4度的夹角，由于这个夹角的作用，在夏至到冬至之间的6个月内，地球相对于太阳的倾斜角度会改变46.8（2×23.4）度，这个倾斜角度很重要，因为阳光在到达地面之前需要先穿过一定厚度的大气层，而这个厚度由于地球的倾斜角度影响，倾斜角度的变化导致了地球上的四季交替。这个倾斜角度也让地球的两极能够得到阳光的照耀，在一年之内，南极和北极分别能享受6个月的温暖阳光。

地球最为与众不同的地方在于它是生命的摇篮，目前在宇宙中我们只知道地球上有生命。生命的存在需要有很多条件，只有地球同时具备这些条件，其中最重要一条是地球与太阳的距离，这个距离使得地球表面的温度恰好在水的熔点附近轻微变动，地球上的最低温度为−50℃，最高温度为76℃，平均温度为13℃。

你知道吗?

生命的存在必须要有液态的水，对动物和植物来说，营养物质要靠水来传输，地球的表面有70%被水覆盖，在动物和植物身上，水的比重更是高达95%。

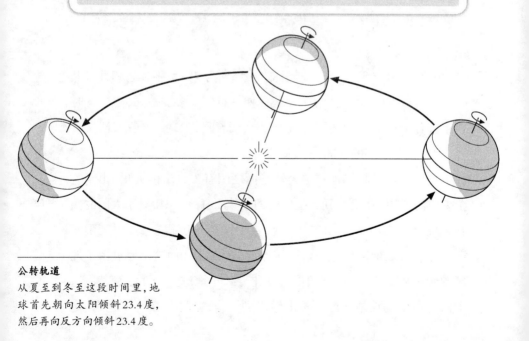

公转轨道
从夏至到冬至这段时间里，地球首先朝向太阳倾斜23.4度，然后再向反方向倾斜23.4度。

30

月 球

月球的体积只有地球的1/5，它在距离地球38.440 3万千米的地方围绕地球公转，公转的周期为29.53天，我们称其为"朔望月"或"太阴月"。月球也进行着自转，它自转的速度和公转的速度完全一样，因此在地球上看起来月球并不转动，它总是用它的一面对着我们，让我们无法看到它的另一面，我们称无法看到的一面为"月之暗面"，不过这个"暗面"接收

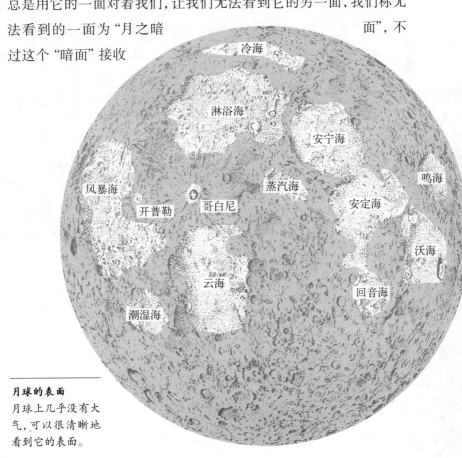

冷海

淋浴海

安宁海

蒸汽海

鸣海

凤暴海

开普勒　哥白尼

安定海

沃海

云海

回音海

潮湿海

月球的表面
月球上几乎没有大气，可以很清晰地看到它的表面。

31

的阳光实际上并不比"亮面"少。

除了太阳之外，天空中就数月球最亮了，但其实月球并不会发光，它只是反射太阳光，这一点月球跟太阳系里的其他行星和卫星一样。我们看到的月球的样子与观察者和太阳的角度有关，因此随着月球的公转，月球会出现阴晴圆缺的变化。

月球的圆缺变化叫做月相，月亮从新月（全黑）开始到满月（全亮），然后再到新月，这便是月相的一个周期。在一些时候，月球上阴暗的部分也能够被看到，这是因为地球也能反射太阳光，这种现象叫做"地球反照"。

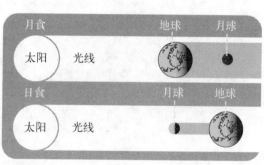

日食和月食
当太阳光被挡住时，就会发生日食或月食。

亮面和暗面（左）
当光线从侧面照射月球时，月球的球形轮廓就显露出来。

知识窗

月球是一个固态星球,主要由火成岩构成,含有硅石、氧化铁、铝、钙、钛和镁。月球表面的大气非常稀薄,跟真空差不了多少,因此月球上一点风都没有,月球上的环形山也得以保存几

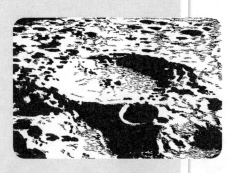

百万年之久,那都是月球遭受陨石撞击的痕迹。月球的表面温度最低为-170℃,最高为110℃,在月球的两极有冰的存在。

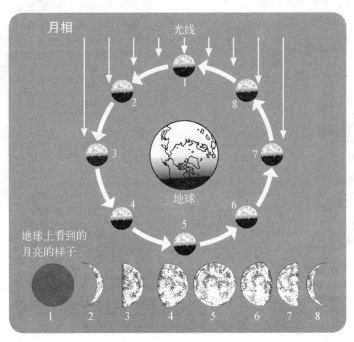

月的周期（左）
月亮围绕地球旋转一周的时间为29.53天。

地球的核式结构

地核是一个固态球体,它的半径大约为1 400千米,地球的磁场就是在那里产生的。人们研究了一些岩石的磁性,发现有些岩层的磁性与其他岩层的磁性相反,因此人们推测地核可能偶尔会在地球内反转。地核的外面包围着外地核,由熔

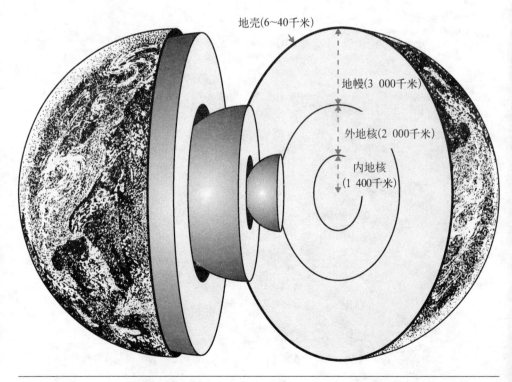

地壳(6~40千米)

地幔(3 000千米)

外地核(2 000千米)

内地核
(1 400千米)

地球的内部
如果我们把地球切开,地球的内部会是图中这个样子。

化的铁和镍构成，约2 000千米厚。外地核被地幔包围着，地幔是厚度大约为3 000千米的岩石，地幔又可分为两层，底下的一层岩石为固态，上面的一层岩石为半固态。再往上就是地壳，地壳由固态岩石构成，是薄薄的一层，地壳的厚度不一样，海洋部分的地壳比较薄，平均为6.4千米，陆地部分的地壳比较厚，平均为40千米。

在地壳和上层地幔之间是一个岩浆层，称为莫霍洛维奇间断面，这一层的岩浆可以流动，大陆在这些岩浆上面非常缓慢地朝着某个方向移动，这就是板块漂移。岩浆的温度大约在1 100℃，岩浆喷发出地表形成熔岩，熔岩冷却后又固化变成岩石，这个过程不断继续，熔岩不断冷却便形成了火山。在外地核和地幔之间还有一个断面，叫做古登堡面，有了这个断面，地核才能在地球内部活动。

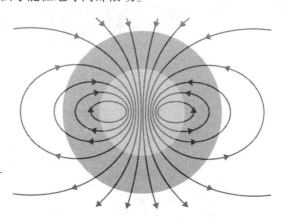

磁场
地球的大铁核产生了磁场。

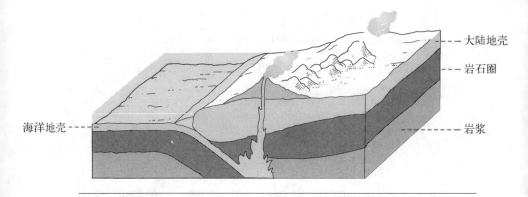

地壳

地壳是漂浮在岩浆上的一层岩石圈。

大陆地壳
岩石圈
海洋地壳
岩浆

元素和化合物

不同元素的原子之间性质有很大不同,这是由于原子内部的亚原子微粒分布不一样。目前已经发现的元素共有112种,其中有18种不会在自然界中出现。自然界中有不少元素以原本的形式出现,不过更多的元素是和其他元素结合在一起形成化合物。一种化合物可以由2个、3个、4个甚至更多的元素结合而成,因此可能的组合是非常非常多的。

宇宙中的物质便是由这

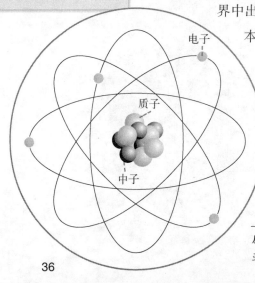

电子
质子
中子

原子

亚原子微粒:电子、质子和中子

些为数众多的元素和化合物组成。理论物理学认为，每一种物质都对应着它的反物质，就好像照镜子时镜子里的影像一样，大小一样，左右相反，例如物质与它的反物质所带的电荷相反。不过这样的反物质在我们生活的世界中是不存在的。自然界的元素和化合物以三种形态存在，分别是固态、液态和气态，不同元素和化合物的熔点和沸点也不一样，所以我们周围的物质处于各种状态的都有。水就是一个很好的例子，摄氏温度就是依据水的性质制定的，1742年，瑞典科学家摄尔修斯（1701—1744）提出，把水的冰点和沸点之间的温度划分成100份，每一份代表1℃，把水的冰点定为0℃，于是水的沸点便是100℃，这就是摄氏温度的由来。水在0℃以下成为固态（冰），在0℃到100℃之间为液态（水），在100℃以上为气态（水蒸气）。

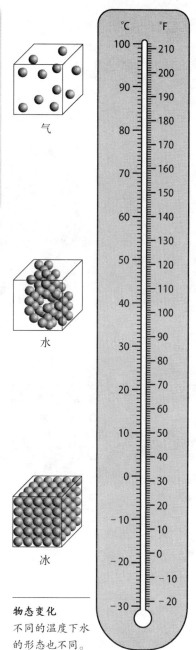

气

水

冰

物态变化
不同的温度下水的形态也不同。

原子的排列

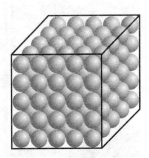

固体：原子或分子彼此结合在一起。

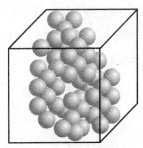

液体：原子或分子可以彼此移动。

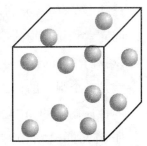

气体：原子或分子可自由运动，彼此不受影响。

地球（上）

我们周围有各种各样的固体、液体和气体。

地质运动

从43亿年前地壳形成开始，地质运动就在它上面日夜不息地进行着。有些地质运动是全球范围的，比如水循环和板块运动；另一些地质运动的作用范围相对小一些，比如河流、风、冰川、地下水和潮汐。在这两类地质运动的作用下，地壳的变化永不停息，不过有些时候在我们眼里这种变化不太明显，这是因为要么这些变化太慢了，要么这些变化的区域太大了，所以让我们觉察不到。

在现代科学诞生以前，人们认为世界是静止不动的，世界在神的力量下被创造出来，之后就不会再发生变化。不过经过科学家的探索和发现，这种错误的观点被推翻了。科学家在岩石中发现了大量的化石，这里面有动物化石和植物化石，有些化石里的动物和

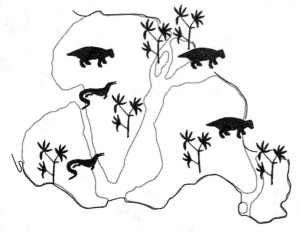

大陆漂移
有很多证据表明，在漫长的时间里，大陆曾有过漂移，这些证据包括：大陆的形状、岩石的结构以及化石。

39

植物根本不可能生活在发现化石的环境里，因此这表明陆地和海洋都有过运动，这是证明地壳运动的有力证据。通过化石，科学家还可以了解地球经历过的气候，比如冰河期发生的时间。在西伯利亚发现过一个猛犸象化石，这个化石告诉我们上一次的冰河期就发生在几千年前。

公元前5000年　　　　现在

撒哈拉的气候
在几千年的时间里，由于人类的活动和气候的变化，撒哈拉沙漠变大了。

知识窗

　　1972年，英国科学家詹姆斯·拉夫克提出了"该亚"（Gaia 或 Gaea）假说，这个名词来源于古希腊神话中的地球之神。这一假说认为，地球的生物圈，也就是地球上有生命活动的区域，能够像有机物一样自我调节，保持一个适宜的环境，有利于生命的生存和发展。这也许是一个很明显的结论，但它的意义却十分重大，它指出人类有责任保护环境，例如我们应该防止全球变暖。

得克萨斯鱼
水生动物的化石表明，有些地方在几百万年以前曾经是海洋。

大陆漂移说

1912年德国天文学家阿尔弗雷德·魏格纳提出，地球上的陆地原本是一整块，经过漫长的漂移才成为今天这个样子。他的想法在1929年得到了英国地理学家亚瑟·霍尔姆斯的支持，1937年南

第一个提出大陆运动的科学家是美国人泰勒，他在1908年就提出地球最初有南北两块大陆，在这两块大陆的碰撞过程中形成了现在的大陆，但他的说法缺少证据支持，因而没有得到科学界的重视。

非地理学家托伊特也支持魏格纳的学说。但他们都没有找到足够的科学证据来证明这一理论，直到19世纪50年代，通过测量岩石的磁

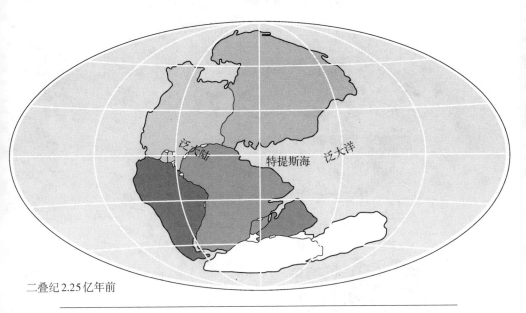

二叠纪2.25亿年前

古代地球
远古的地球上只有一块大陆，这块大陆被泛大洋包围。

41

大陆有点像漂浮在水面上的树叶，一会儿聚拢，一会儿分开，一些地方的大陆皱褶，就形成了山脉。

三叠纪
2.1 亿年前

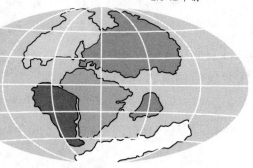

侏罗纪
1.5 亿年前

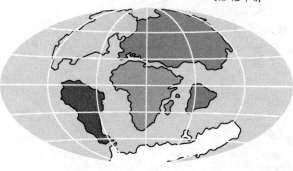

白垩纪
6 500 万年前

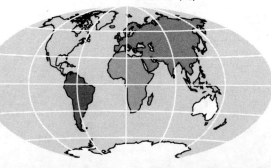

现在

场,科学家终于证明了魏格纳的猜想。

　　岩石的磁场能够证明,现在的很多块大陆在很久以前是连在一起的,除了岩石的磁场,岩石的种类以及化石都是这一理论的证据,根据岩石的种类和化石中的动植物分布,我们可以把这些大陆拼在一起,而且根据不同时期的化石进行分析,我们还可以知道哪些大陆曾经分开之后又重新合并在一起。更有趣的是,从形状上看,这些大陆简直就是一个大拼图,不过因为大陆的海岸线受过侵蚀,这个拼图有一些年头了,但它们还是能很好地拼成一整块大陆。

　　魏格纳把这一整块的大陆称为泛大陆,把包围着它的海洋称为泛大洋。现在的大陆漂移说认为,在距今2亿年前,泛大陆分成了两块,北边的一块叫做劳亚古大陆,南边的一块叫做冈瓦纳大陆,后来劳亚古大陆分成了现在的北美和亚欧大陆,而冈瓦纳大陆则分成了现在的南美、非洲、澳洲、印度和南极洲。

五

地壳运动

地　壳

地壳是一个岩石圈，地壳的下面是一个岩浆层（岩流圈），岩浆层里的岩浆不停地进行对流运动，这便是地壳运动的动力源泉。地壳的成分主要是一层冷却的岩浆（火成岩），地壳并不是完整的一大块，而是由几个大板块一块一块地拼在一起，很像一个足球的表面，像是一块一块的皮革缝在了一起。由于岩浆的对流运动，岩浆就会从板块的缝隙中挤出来，这些岩浆冷却后形成新的岩石，而它周围的岩石就被挤向两边；在另一些缝隙里，岩石被岩浆熔解掉，四周的岩石就被拉过来填补空缺。这个过程使整个板块缓慢移动。

在1912年弗雷德·魏格纳提出大陆漂移说的时候，连他自己也不清楚大陆为什么漂移，大陆怎样漂移。随着科学技术的发展，到了19世纪60年

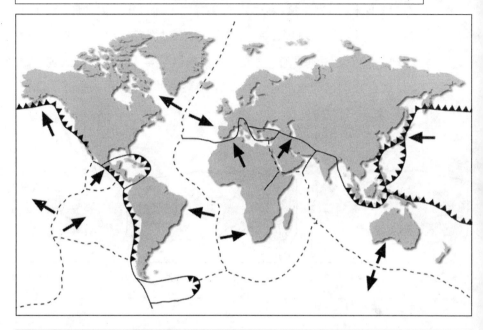

地壳运动

地壳下方的岩浆在进行对流运动,这使得板块不停地运动和变形。

知识窗

　　新地壳生成的地方,如果在海底就叫做大洋中脊,如果在陆地上就叫做裂谷。大西洋中脊使得美国与非洲和欧洲的距离不断增大,非洲大裂谷穿过非洲大陆东部。地壳消亡的地方叫做俯冲带,环绕着太平洋的海洋与陆地交界处就是一个大的俯冲带,它一直延伸到中东、亚细亚和东南亚。

代，一方面，人们已经可以很精确地测量地球上两点的距离，误差不到1厘米，通过测量，科学家发现有些大陆每年远离几厘米，而有些大陆每年靠近几厘米；另一方面，人们对裂谷、断层、地震和火山等现象有了更深刻理解，发现这些现象恰恰是大陆漂移的表现。因此，现在人们已经建立起了一个比较科学的模型，用来描述大陆漂移现象。

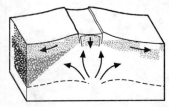

当岩层分离，中间部分会产生塌陷。

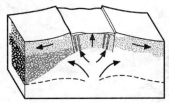

中间的塌陷向两边延伸。

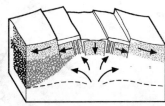

在原来塌陷两端又产生新的塌陷。

地壳的生长过程
这个过程可以分为三个阶段。

裂谷
非洲大裂谷，它是由于地壳的裂开生成的。

陆地和海洋

　　地球上原本只有一块大陆，叫做泛大陆，后来这块大陆被它东面的特提斯海拦腰截断，分成了两块大陆：劳亚古大陆和冈瓦纳大陆。这两块大陆继续分裂和漂移，甚至分裂

　　虽然地球上的大陆分散在各个地方，但很久以前它们却是连在一起的，那块超级大的陆地叫做泛大陆，它被一个超级大的海洋环绕，叫做泛大洋。

出一些岛屿。现在地球上的陆地面积占地球总面积的30%左右，这个比重比泛大陆要小，当年泛大陆的面积大约是地球总面积的40%。陆地面积减少的原因，一方面是因为大陆的海岸线受到侵

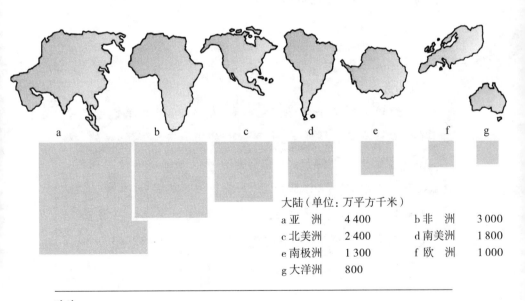

大陆（单位：万平方千米）

a 亚 洲	4 400	b 非 洲	3 000
c 北美洲	2 400	d 南美洲	1 800
e 南极洲	1 300	f 欧 洲	1 000
g 大洋洲	800		

陆地
上面列出了七大洲的形状，注意，图像的大小并不代表陆地面积，陆地面积的大小在右边列出，图像下面的方块代表了每个洲的面积。

蚀,另一方面是因为大陆之间由于碰撞而变得隆起。由于火山喷发,会产生很多新的岛屿,最大的火山岛是冰岛,位于北大西洋,不过大多数的火山岛都分散在印度洋和太平洋上。在地壳运动的作用下,新的地壳不断产生,不过由于产生新地壳的地方全都在海底,所以这并未增加陆地的面积。

我们把陆地分为七大洲,分别是:亚洲、非洲、北美洲、南美洲、南极洲、欧洲、大洋洲。地球上还有数以千计的岛屿,有些岛屿比较大,比如马达加斯加岛、格陵兰岛、新西兰岛、婆罗洲岛、日本岛、苏门答腊岛、古巴岛和爪哇岛。还有很多非常小的岛屿,这些岛屿有很多都成群聚在一起,形成群岛,比如加拉帕哥斯群岛、密克罗尼西亚群岛、菲律宾群岛和巴哈马群岛。

知识窗

地球上有四个大洋:太平洋、大西洋、印度洋和北冰洋。在南半球,大西洋、太平洋和印度洋是连在一起的。有一些面积较小的水域,它们部分或者全部被陆地包围,叫做海或海湾。比如地中海、加勒比海、东海、日本海、墨西哥海湾、加利福尼亚海湾、北海、红海和黑海。在被陆地包围着的水域中,里海的面积最大,约有 1.432 43 万平方千米。

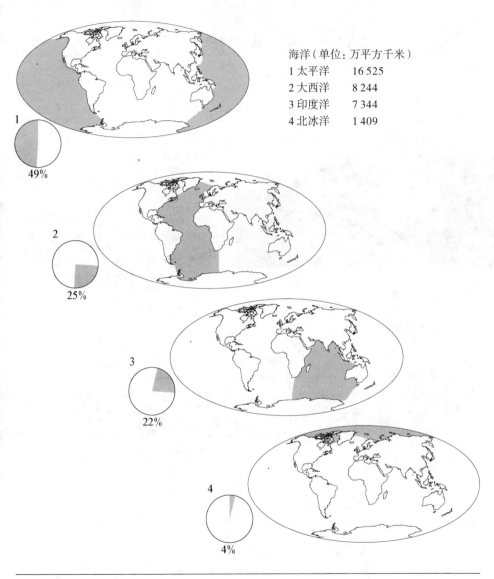

海洋（单位：万平方千米）
1 太平洋　16 525
2 大西洋　8 244
3 印度洋　7 344
4 北冰洋　1 409

海洋

上面的地图画出了四大洋的位置。每张地图下面的百分数代表了每个大洋面积占地球上所有海洋面积的百分数。同时它们的面积被列在了右边。

当两个板块相互挤压时，它们交界的地方通常会向上皱褶，因而形成了山脉，喜马拉雅山脉就是这样形成的。

山 脉

当两个板块相互挤压，在板块相交的地方就会形成山脉，有时还可能形成火山。地球上有很多大的山脉，主要有喜马拉雅山脉、南美的安第斯山脉、北美的洛基山脉、欧洲的阿尔卑斯山脉和比利牛斯山脉，俄罗斯的乌拉尔山脉和中东的扎格罗斯

一个典型的山脉（上图）
在山脉的下方通常还埋有大量岩石，这些岩石差不多和原山脉相当，只不过我们看不到它们。

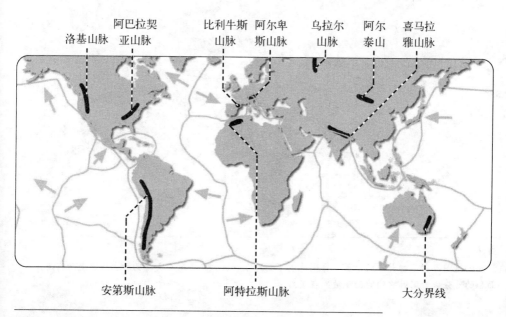

阿巴拉契亚山脉　洛基山脉　比利牛斯山脉　阿尔卑斯山脉　乌拉尔山脉　阿尔泰山　喜马拉雅山脉

安第斯山脉　阿特拉斯山脉　大分界线

断裂区（上图）
新产生的地壳将原来的板块挤压在一起形成山脉。

山脉，其他的山脉还有很多，这里只列出了很少的几个。

一部分山脉形成于大陆板块和大洋板块的碰撞。在大陆板块和大洋板块碰撞的地方会形成一个海沟，它实际上是一个俯冲带，由于大洋板块比较重，大陆板块比较轻，因而随着挤压，大洋板块会插入到大陆板块的下方，并且熔化成岩浆，岩浆的压力非常大，如果穿过地壳喷发出来，就会形成火山，大陆板块也因为受到挤压而变形，形成山脉。北美洲和南美洲西部的山脉就是这样形成的。

山脉的形成需要几百万年的时间，因为板块每年只会微微移动几厘米。山脉一旦形成，它就会成为侵蚀作用的对象，所以它们的外表看起来崎岖不平，布满了沟壑。如果我们研究山脉中的沉积岩，可以发现有趣的现象，在山脉形成之前，这些沉积岩原本是像纸张一样，一层一层平整地叠放着，随着板块的挤压和变形，它们也被折叠和扭曲，这是山脉形成过程的重要证据。

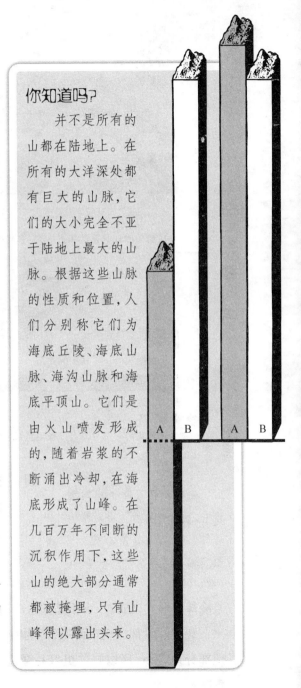

你知道吗?

并不是所有的山都在陆地上。在所有的大洋深处都有巨大的山脉，它们的大小完全不亚于陆地上最大的山脉。根据这些山脉的性质和位置，人们分别称它们为海底丘陵、海底山脉、海沟山脉和海底平顶山。它们是由火山喷发形成的，随着岩浆的不断涌出冷却，在海底形成了山峰。在几百万年不间断的沉积作用下，这些山的绝大部分通常都被掩埋，只有山峰得以露出头来。

51

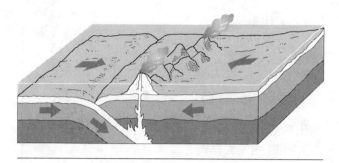

火山

板块的俯冲让岩浆的压力增大，岩浆喷发出来形成火山。

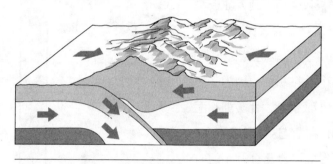

山脉

俯冲板块的一部分与大陆板块挤压，形成山脉。

裂谷与扩张脊

在新地壳不断生成的过程中，新地壳的两边会对称地堆积岩层，随着岩层的不断堆积，裂谷和扩张脊就产生了。

大部分扩张脊都出现在海下，随着岩浆从地壳下方涌出来，扩张脊的两侧岩石会形成裂谷，这些岩浆冷却后形成火成岩，由于是被水冷却的，因此又叫做玄武岩。

裂谷一般都出现在海底，因为海底部分地壳的平均厚度要比陆地部分地壳小，所以岩浆更容易穿过。如果裂谷出现在陆地上，由

52

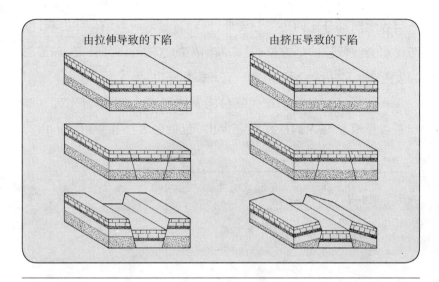

由拉伸导致的下陷　　　由挤压导致的下陷

地表下陷

如果两边的地层彼此分开,中间的地层就会下陷,同样,如果两边的地层向中间挤压,中间的地层也会下陷。

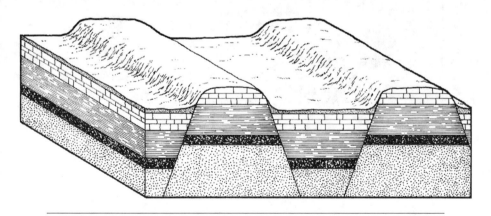

地形起伏

地表凹陷就形成了起伏的地形。

于裂谷中间部分比两边部分要低,所以容易形成湖泊。在内陆,由于雨水会往低洼的地方流,这些湖泊里的水能够得到补充,如果裂谷发生在大陆边缘,裂谷可能一直开裂到海边,形成海湾。

　　非洲裂谷就是一个被大陆包围着的裂谷,位于非洲东部。非洲裂谷里有一些大的淡水湖和火山,包括乞力马扎罗山。火山的

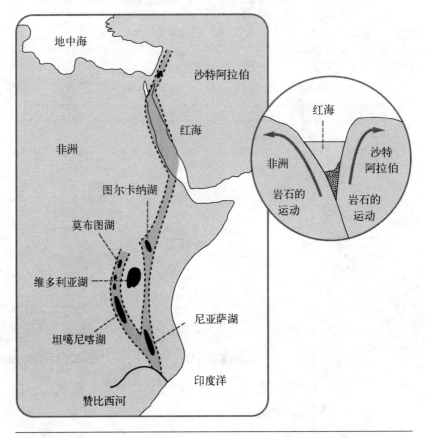

东非大裂谷
地质运动不仅创造了峡谷,还创造了湖泊和海湾。

出现反映了该地区的地质活动非常活跃。非洲裂谷是东非大裂谷的一部分，东非大裂谷一直向北延续到中东地区，在非洲和阿拉伯之间形成了一个海湾，这就是红海，红海通过亚丁海湾与印度洋相连。

知识窗

在大西洋海底有一条很有特点的裂谷，几百万年来它一直在产生新的岩石，最开始它还在陆地上，渐渐地这条裂谷把它所在的大陆分裂开，大陆接着分离，又产生一个几千千米宽的海洋，这就是大西洋，现在大西洋还在变宽，以每年几厘米的速度将美洲大陆与亚欧大陆和非洲大陆推离。

火 山

部分冷却的岩浆叫做熔岩，熔岩喷发时含有不少火山气体，冷却后有可能成为泡沫岩，如果岩浆里含有较多的硅石，那么熔岩里的气泡会更多，冷却得也更快，以至于熔岩中的气体都来不及跑出来，这样的熔岩冷却后更轻，甚至能浮在水面上。

在地壳比较薄弱的地方，岩浆容易顺着裂缝喷发出地面，岩浆冷却后便形成了火山。玄武岩和安山石都属于岩浆冷却后形成的火成岩。

典型的火山又叫做"安山火山"，它的岩浆里面硅石含量比较高。由于冷却过程较快，熔岩喷发出来后，没有流多远就冷却了，因此形成的火山坡度陡峭，呈圆锥形。火山每一次新的爆发，熔岩和

火山灰就会在火山上覆盖一层新的岩层。当地底下积蓄的能量需要释放时，火山就会爆发，爆发的时候就像酒瓶的瓶盖被冲开一样，之前没有明显的征兆。

火山爆发时会喷出大量的物质，包括温度相当高的气体、火山灰和熔岩块，这些物质混合在一起，称为火成碎屑流，其所到之处没有任何生物可以存活。这些物质被喷发出来后，熔岩顺着火山往下流，气体和烟尘则升上天空。

墨西哥塞罗德洛皮卡火山
这张照片从高空拍摄了火山口的样子，熔岩就是从火山口内喷出来的。

火山活动
由于主火山的喷发，附近的岩层松动并且产生了裂纹，地下的岩浆顺着这些裂缝涌出来，形成了主火山周围的小火山。

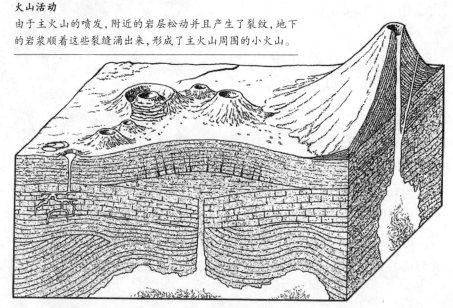

火山活动地区的地壳运动一般都比较剧烈，裂谷和扩张脊附近通常都有很多火山，这些火山往往沿着板块的交接处呈链状分布。分布在俯冲带附近的火山属于安山火山；分布在裂谷周围的火山称为盾形火山。

夏威夷

知识窗

盾形火山的岩浆中含硅石比较少，流动性不好，火山的外形呈半球形或盾形，因此被称作盾形火山。盾形火山通常都是在海底爆发，有些火山的顶部露出海面，形成链状的岛屿。夏威夷群岛就属于盾形火山，夏威夷岛则是地球上最大的火山岛。

熔岩刻蚀
熔岩到达地表后冷却，形成了一系列有趣的形状。

地震和海啸

扩张脊和裂谷主要引起板块间的纵向移动，让板块间彼此挤压或拉伸；断层则主要引起板块间的横向移动，比如让一部分板块沿着另一板块的边缘滑动。在这些地方最容易引起强烈的地震。

板块非常缓慢运动着，与周围的板块相互挤压或拉伸，随着板块变形不断增多，板块需要承受的压力或拉力也越来越大，当它们大到一定程度时，板块就会断裂，这往往是一个非常剧烈的运动，而且发生得非常突然，没有征兆，这就是我们常说的地震。地震发生之后还会伴随一些余震，这些余震通常比较轻微，这是地壳在进行一些小调整，来适应它的新位置。

地震的强弱等级用黎克特制来表示，它是美国地理学家查尔斯·黎克特（1900—1985）提出的。这种等级是用对数表示的，也就是说，某

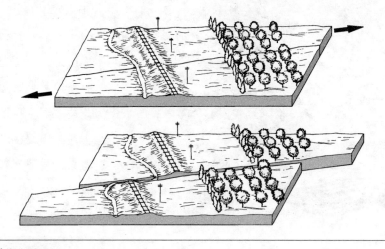

错位（上）
两块岩层沿着断层滑动，形成很明显的错位。

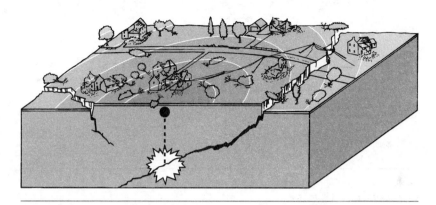

地震（上）
地震危害最严重的地区往往不是地震的中心。

一级别的地震强度要比上一级的地震强度大30倍左右。具有破坏作用的地震在5.5级到9.5级之间，9.5级是我们记录到的地震最高等级。

地震对地形的改变很明显，它能使地面上出现裂缝，并且裂缝两边的地层有可能发生错位。一块原本平整的地面，在地震的作用下可能被分裂成许多块，有些地块下陷，有些地块则被高高抛起，形成起伏不平的地形。如果发生在荒野，这种剧烈的地形变化只是改变一下自然环境而已，但如果发生在人们生活的地方，就会引起巨大的灾难。

知识窗

　　如果地震发生在海底或离海较近的地方，就会引起海啸（在日本叫做"港口浪"）。水是不能被压缩的，所以海啸会携带着地震的能量传播，直到它将这些能量传递到岸上。在日本经常有海啸发生，海岸上的很多建筑都被海啸摧毁。

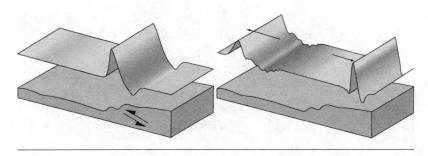

海啸

地壳的剧烈震动引发了海啸。

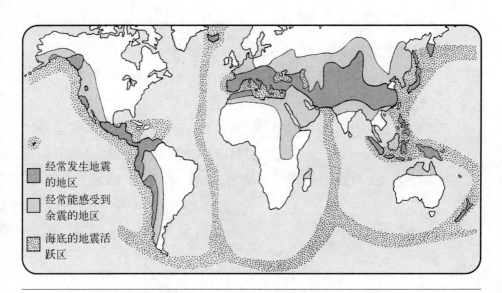

经常发生地震
的地区

经常能感受到
余震的地区

海底的地震活
跃区

地震活跃区

地图上显示了地球上的地震活动比较频繁的地区。

火山岛

海底的火山喷发形成海底火山，有些海底火山不断生长，冒出海面来，就成了火山岛。我们知道太平洋能有几千米深，因此火山岛的形成是很不容易的事情。地球上最大的火山岛是夏威夷岛，它位于太平洋的中北部。这些由火山喷发产生的新的陆地对人类来说是很宝贵的，虽然扩张脊在不断地生成新的地壳，但新生成的地壳一般都在海底，并不会增加陆地的面积。不过另一方面，比较剧烈的火山爆发也能摧毁一些岛屿，比如1883年的一次火山爆发就让喀拉喀托岛消失在大海中。

有些火山岛的海底部分并非是一座火

太平洋海底的火山活动非常频繁，海底火山产生了数以千计的火山岛和海底山。

泡沫岩
熔岩冷却后的岩石内经常有一些小气泡，这些石头甚至能漂浮在水面上。

火山岛
冰岛是世界上最大的火山岛，直到今天，在它上面还有火山、温泉和间歇泉的活动。

山，比如位于北大西洋上的冰岛，它是由大西洋中部的扩张脊产生的，岩浆从扩张脊中央的裂缝中喷涌而出，形成了冰岛。之所以叫它"冰岛"是因为它靠近北极，大部分地区都常年被冰雪覆盖。不过称它为"熔岩岛"可能更确切些，因为它几乎全部由岩浆岩构成，而且它上面的火山随时有可能爆发。

知识窗

　　火山岛的形成过程中有一个非常有趣的现象：同一个火山喷发点往往能产生出好几个火山岛，这些火山岛连在一起，像海洋上的一条项链。这是因为引发火山喷发的热源位于板块下方，由于板块的运动，海洋下方的地壳也随着移动，但热源是不动的，如果它再一次爆发就会在原来形成的火山附近形成一个新的火山。夏威夷群岛就是这样形成的，夏威夷岛是在最近一次的火山爆发中形成的，其余的岛屿在它的西北方向排成一列，距夏威夷岛越远的岛屿，其生成的年代也越久远。

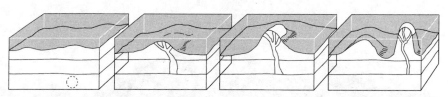

1. 一个热源在对流作用下向上推进。
2. 喷发出来的岩浆在海底形成了一座山。
3. 这座山越过海平面形成了岛屿。
4. 随着地壳的运动，一个新的火山岛形成。

火山岛的形成

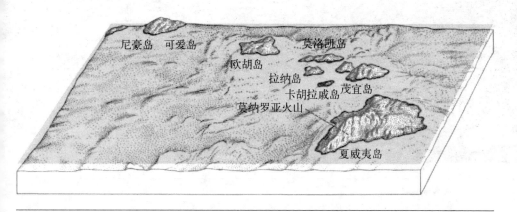

夏威夷群岛

在夏威夷群岛中，目前只有夏威夷岛上还有火山活动，夏威夷岛也是地球上最大的火山岛。

冲积平原和三角洲

当河流中的河水流动速度变慢的时候，水的力气也变小了，这时候河水中的泥沙就会落下来，这个过程叫做沉积。流动速度越慢的河流能够携带的泥沙颗粒越小，因此砂砾最先沉积下来，接着是细泥沙，最后是泥浆。

> 在侵蚀作用下，构成山脉的岩石会分裂成小块，当岩石的碎块足够小时，就可能会被河流带到下游去，这叫做搬运作用。

如果一个开阔的地区内有一条大河流过，当河流的上游地区下大雨时，大量的雨水会汇集到河流中，导致这个开阔的地区被洪水淹没。由于上游的河水能够携带大量的泥沙，这些泥沙就沉积在这个开阔的地区，慢慢这些泥沙越集越多，一个平坦的冲积平原就形成了。

三角洲地貌
河流能形成广阔的新陆地,叫做三角洲。

　　河流最终汇入海洋的地方叫做入海口,这个地方经常会形成冲积平原,因为河流在这里最宽,流速也最慢。河流中的泥沙不断地在入海口沉积,形成的冲积平原超过原来的陆地,延伸到海洋中,因为它们的形状像三角形,我们便叫它"三角洲"。河流就是这样,一点一点地移山填海,经过非常非常久的时间,在入海口形成新的陆地。

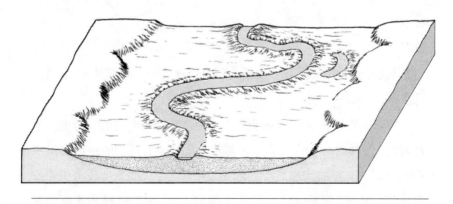

冲积平原
在河流形成冲积平原的过程中,河水的流速越来越慢,河流也变得越来越弯曲。

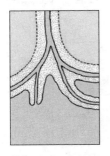

第一步,河水的沉积物像一个个伸出的手指。

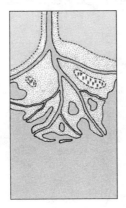

第二步,潟湖和咸湿地渐渐形成。

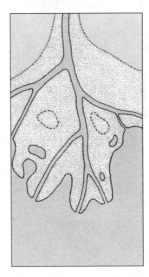

第三步,最后,三角洲成为了"坚实的土地"。

三角洲的形成

断　层

断层是两块岩石之间的间断面，岩石沿着断层错开，可以是上下错开，也可以是左右错开。断层的规模有的很小，有的很大，我们将断层分为三类：第一类断层、第二类断层和第三类断层。它们都是由于板块运动造成的。

第一类断层产生在两块互相分离的板块交界处，主要分布在海下，伴随着扩张脊在一起，那里是新的地壳产生的地方。断层的方向大致和板块交界线的方向垂直，也就是说板块交界线被这些断层截成很多段，这意味着板块在运动的时候可以一块一块地分别移动，而不用整块一起动。有少数第一类断层一直延伸到陆地，比如北美的加利福尼亚就是第一类断层与陆地相连的地方，这个地

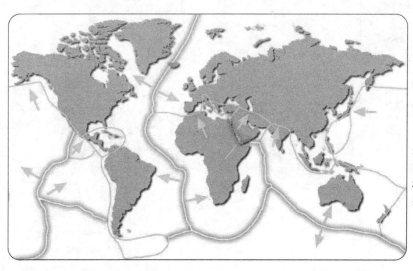

相互分离的板块的交界线

断层线
第一类断层沿着板块的边界呈放射状分布。

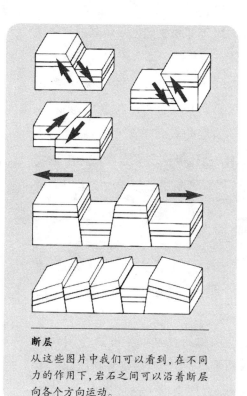

断层

从这些图片中我们可以看到，在不同力的作用下，岩石之间可以沿着断层向各个方向运动。

区的大地震如此频繁，原因就在于这里的板块容易沿着断层移动。

第二类断层也产生在板块的交界线附近，不过这些交界线不是很明显，如果把地壳看成是几块破碎的玻璃，那这些地方只是玻璃上的一些裂纹。由于亚欧板块和非洲板块之间的运动，在欧洲东南部地区和中东地区产生了一系列第二类断层。第二类断层把地壳分解成一块一块，就像一个拼图，在断层附近地震和火山的活动比较频繁。

第三类断层的规模要比第一类和第二类断层小得多，但第三类断层在数量上却远远多于前两类断层。如果我们把一块陆地剖开来观察它的截面，就会发现大量明显出现断层的地方。岩石一层一层地叠在一起叫岩层，由于地壳运动，岩层会分裂成一块一块，有些块往上升，有些块往下降，相互错开，就形成了断层。像悬崖、采石场和矿井这样的地方，我们能够看到岩层的截面露在外面，而且由于岩层中不同层的岩石颜色也不一样，所以断层会在这些截面上形成有趣的图案，通过这些图案我们可以看到断层是怎样改变岩层的位置的。

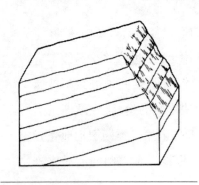

岩层
很多层岩石叠在一起叫做岩层。

褶 皱

当板块运动产生的力作用到岩层两侧时，会使岩层受到挤压而发生变形，岩层会向上凸或者向下凹，这就是褶皱。如果褶皱在一个很大的范围内发生，就会形成波动起伏的地形，进一步还能形成丘陵和山脉。

根据褶皱的形状特征，可以把它们分为三种基本类型：岩层向一个方向倾斜的褶皱叫做单斜；岩层向中间隆起，形成凸地或山丘的褶皱叫做背斜；反过来，岩层向中间陷下，形成凹地或低盆地的褶皱叫做向斜。不过

褶皱的种类

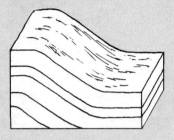

单斜

　这是由下陷引起的褶皱。

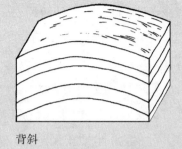

背斜

　这是由隆起引起的褶皱。

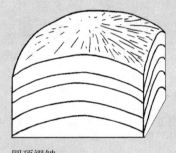

圆顶褶皱

　这是由中间部分的凸起引起的褶皱。

向斜

　这是由凹陷引起的褶皱。

倒转褶皱

　这是岩石受到侧面压力而引起的褶皱。

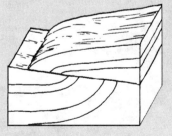

叠层褶皱

　这是倒转褶皱沿着断层移动而引起的褶皱。

在很多时候，地形的构成相当复杂，往往几种类型的褶皱会混合在一起。例如向斜和背斜的组合在一起，使岩层形成"S"形，这叫做倒转褶皱；如果背斜一直延伸到很广阔的一块地方，就会形成圆顶地形；如果向斜一直延伸到很广阔的一块地方，就会形成盆地。有些地方既有圆顶地形又有盆地，所以地形看起来高低起伏，凹凸不平。

如果岩石受到很大的压力，在经过漫长的时间后，岩石会发生弯曲和变形，正是由于这个原因，坚硬的岩石才能够形成褶皱，而不至于断裂。在地质作用中，岩石就像非常黏稠的流体，对于火成岩尤其如此，因为火成岩里含有大量的硅石和石英石。在有些山脉中，褶皱的结构非常复杂，这是因为这些岩石受到巨大的压力，温度变得高而开始熔化，使它们的流动性更强，所以如果我们把山脉切开，露出来的岩石截面就像一块布一样皱巴巴的。

悬崖
通过观察悬崖中的岩石结构，地理学家能了解岩层构造的很多知识。

你知道吗？

悬崖和采石场是观察岩层的好地方，其他的地方则不一定，比如高山的表层通常会有一层沉积物覆盖，因此看不到岩层的内部构造。

岩　石

岩石的种类

地壳由多种岩石组成。不同的岩石所含有的成分也不一样,不仅如此,不同岩石的内部成分之间结合的方式也不一样。

岩浆冷却后形成的岩石叫做火成岩（Igneous Rock,来自拉丁文中的ignis,意思为"火"）,因为它们来自温度极高的熔化状态下的石头。地壳的绝大部分都是由火成岩构成,地下的岩浆通过火山爆发或者扩张脊喷涌出来,经过冷却就形成火成岩,不过还有相当一部分岩浆即使没有喷发出来,也能在地下冷却形成岩石,这叫做深层现象。除火成岩之外,还有另外两类岩石:沉积岩和变质岩,它们都是火成岩直接或间接的产物。

在侵蚀过程的作用下,大块的火成岩会逐渐分解成大石块,大石块再分解成小石块,小石块分解为沙砾,最后沙砾分解成淤泥。这些由火成岩分解下来的小碎块会被水流带走,然后又沉积在别的地方,长时间的沉积过程,底下的沉积物在巨大的压力下形成岩石，这就是沉积岩，多数的沉积岩形成于湖泊和海洋的底部。

在地壳运动的作用下，沉积岩会受到来自板块更加巨大的压力，岩石受到高温高压的作用，会发生化学变化，形成另外一种岩石，所以我们把这样形成的岩石叫做变质岩。

有些时候，沉积岩、火成岩、变质岩会混合在一起，形成砾岩。当沉积过程被打断时可能导致砾岩的形成，例如沉积过程被一场大的洪水或火山喷发打断，各种岩石的碎块就会混合在一起，形成砾岩。

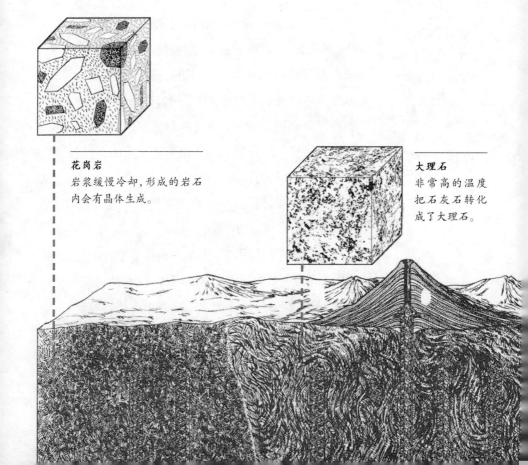

花岗岩
岩浆缓慢冷却，形成的岩石内会有晶体生成。

大理石
非常高的温度把石灰石转化成了大理石。

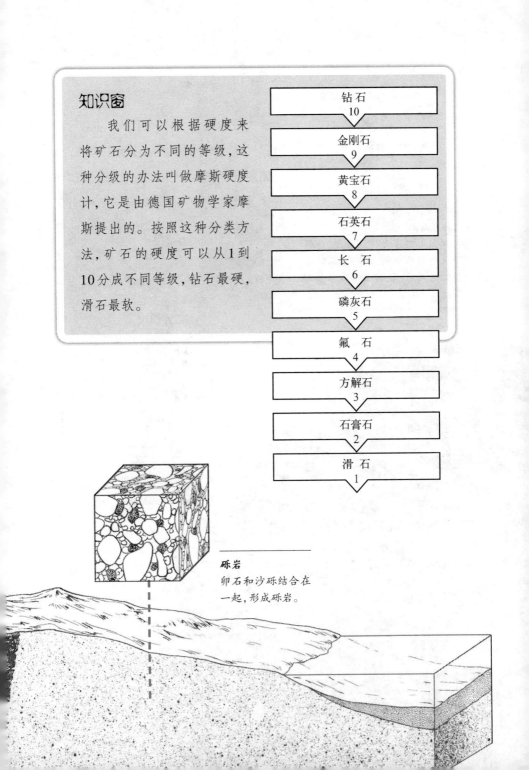

知识窗

　　我们可以根据硬度来将矿石分为不同的等级，这种分级的办法叫做摩斯硬度计，它是由德国矿物学家摩斯提出的。按照这种分类方法，矿石的硬度可以从1到10分成不同等级，钻石最硬，滑石最软。

钻石
10

金刚石
9

黄宝石
8

石英石
7

长　石
6

磷灰石
5

氟　石
4

方解石
3

石膏石
2

滑　石
1

砾岩
卵石和沙砾结合在一起，形成砾岩。

火成岩

火成岩来自拉丁语中的"ignis"，意思是"火"，因为岩浆的温度非常高，像一团流动的烈火。岩浆是气体、固体和液体的混合物，里面含有铝、钙、钠、钾、铁、镁等元素。不过岩浆里的关键成分是硅石（二氧化硅，SiO_2）和水（氧化氢，H_2O），它们的含量决定了岩浆冷却

直立的柱形晶体

有些时候火山岩冷却得非常慢，能够形成巨大的晶体结构，这些岩石的外表被侵蚀掉之后，就露出了这些巨大的晶体柱。

火山柱（左）

如果火山的核心部分更加坚固，当它的外表部分被侵蚀掉之后，就形成了图中这样的火山柱。

有些火成岩和沉积岩非常相似,因为火山喷发时会产生很多的火山灰和火山碎屑,这些火山灰和火山碎屑落下来后,一层层堆积起来,经过挤压形成了岩石,这种岩石结构叫做"碎屑结构"。

生成的火成岩的性质。硅石的含量占岩浆体积的37% ~75%,硅石的含量越高,岩浆就越黏稠(流动性差)。岩浆来自希腊语,意思是将一些东西混合起来揉成团。如果熔岩冷却的速度很快,往往来不及生成大块的晶体,只会形成由非常细微的晶体颗粒组成的岩石,黑耀石就属于这一类岩石,它的晶体颗粒非常细腻,以至于岩石的

石头山上的纪念碑
在巨大坚实的岩石山上,可以雕刻出巨大的雕像。

外观看起来像玻璃一样。玄武岩和流纹岩的晶体颗粒要稍微大一些，因此外观看起来不是透明的，这种现象叫做岩石的"隐晶结构"。

如果熔岩的冷却时间比较长，形成的岩石则是石英石和长石。一些流纹岩内部也会包含有比较大的晶体，叫做斑晶，这是熔岩冷却的速度快慢变化造成的，岩石的这种混合结构叫做"斑晶—隐晶结构"。

如果熔岩缓慢冷却，而且冷却的速度不变，就会形成形状规则的大块晶体，这叫做"显晶结构"，这种结构主要在花岗岩中出现。晶体中含有一些杂质，因为所含杂质不同，它的颜色和色调也不一样，这使得花岗岩表现出不同的颜色。如果熔岩冷却的时间很长，但是冷却的速度发生了变化，那么它形成的花岗岩中的晶体可能大小不一，这种岩石结构叫做"斑晶—显晶结构"。

沉积岩

沉积物不断积累，形成了沉积岩。

容易产生沉积岩的地方主要有两类：一类是湖泊和海洋这样不流动的水域，而且它们都有河水汇入；另一类是在水流缓慢的河流、港湾、冲积平原和三角洲。另外，冰河也能沉淀它携带的杂质碎块，叫做冰碛。在一些地方，风也能搬运一些细小的沙尘，一旦风速降低它们就沉积下来。形成沉积岩的材料一般都是被侵蚀下来的岩石，不过也可

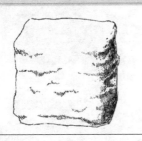

白垩石
古代海洋中有大量的浮游生物，它们身体中的钙质沉积下来，就形成了松软的白垩石。

煤炭的形成

这幅图显示了煤炭的形成过程，古代的有机物质沉积下来，然后它们被其他的沉积物质覆盖，在巨大的压力下，这些有机物最后形成了煤炭。

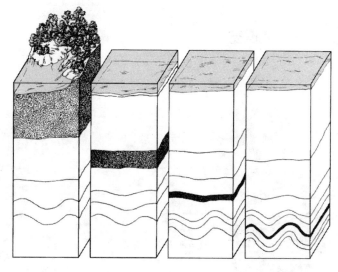

能是动物遗留下来的无机物。观察沉积岩的截面一般都能看到一层一层的结构，因为它是在漫长的岁月中沉淀下来的。

砂岩，顾名思义，就是由沙粒构成的沉积岩，砂岩中的沙粒大小不一，不过直径通常都在0.1毫米～2.0毫米的范围内变动，这些沙粒可能是石英石或长石等火成岩，也可能是片麻岩这样的变质岩。自然界中有一些物质，比如硅石、氧化铁和方解石，能够像胶水一样把沙粒粘在一起，砂岩便形成了。有些砂岩里含有一些比较大的石块，叫做石质砂岩。比沙粒更细小的淤泥也能沉积成岩石，叫做页岩、粉沙岩或泥岩，这些岩石的微粒非常小，甚至无法用肉眼辨别。

砂岩、页岩、粉沙岩和泥岩主要都是由无机物转化而来的；石灰石和白垩石则不一样，它们几乎全部是由古代海洋生物的尸体或外壳沉积而来的，主要成分都是碳酸钙。有趣的是，由于形成石灰石的生物外壳要大一些，于是石灰石更硬一些，也更重一些。

在特殊的条件下,能形成一种鲕状石灰岩,它的内部是碳酸钙小颗粒,外部由更多的碳酸钙包围着。石灰岩的石块被湍急的水流搬运到下游,石块沉积下来,接着,水中溶解的碳酸钙在石块上聚集,日积月累就形成了鲕状石灰岩。

石灰石
这块石灰石里面有很多动物的贝壳,这些贝壳比白垩石中的动物遗骸大。

大峡谷
这里本来是一片广阔的沉积岩,在水流的侵蚀下,形成了一个大峡谷。

岩层
在沉积作用下,岩石一层层排列起来,形成岩层。

变质岩

如果石灰石和白垩石受到挤压，组成这些石头的微粒就会靠得很近，温度也开始升高，由此会产生一种新的更硬的石头，叫做大理石；方解石在受到挤压后，分子会结合得更紧密，排列得更整齐，形成水晶石；在类似的作用下，砂岩中的石英微粒会受热熔化，接着又凝结在一起，形成石英石。

岩石经过一些物理变化和化学变化，变成了另一种新的岩石，这个过程叫做"变质作用"，由变质作用生成的岩石就叫做变质岩。变质作用通常是在很高的压力和温度下发生的，有时候外界的化学物质也能起到一些作用。

页岩经历的变化更复杂一些，它首先形成板岩，板岩要比页岩硬，是由很多如头发丝粗细的岩层叠在一起而成的，板岩中的组成成分排列和结晶后，形成片岩，最后，片岩转变成片麻岩，片麻

变质岩的形成

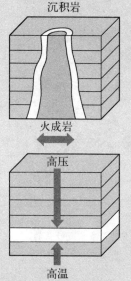

沉积岩

火成岩

火成岩进入到沉积岩中，在火成岩和沉积岩的交界处，岩石会转化成变质岩。

高压

高温

地下的岩层受到它上面岩层的巨大压力，同时受到来自下方的高温作用，形成了变质岩。

叶理

页岩中有很多细小的云母片，这些云母片本来排列得没有什么规则，在压力的作用下，它们都在同一个方向上排列，一层一层地叠加在一起，这个过程叫作"叶理"，页岩就是这样转化成板岩的。

岩看起来和火成岩很像，因为它也是经过熔化然后充分结晶而成的，与熔岩缓慢冷却形成火成岩的过程一样。我们称变质岩在转化之前的岩石为变质岩的母岩，在上面的例子中，片麻岩的母岩就是页岩。

流纹岩、花岗岩和玄武岩原本都是火成岩，它们也能变质，形成片岩。花岗岩还能变成闪岩，闪岩的主要成分是角闪岩和斜长岩。

知识窗

在不同的压力和不同的温度下，岩石的变质情况也不一样，根据这一点，科学家可以通过分析母岩的变质程度，来推测一个地区在很久很久以前的板块活动情况。

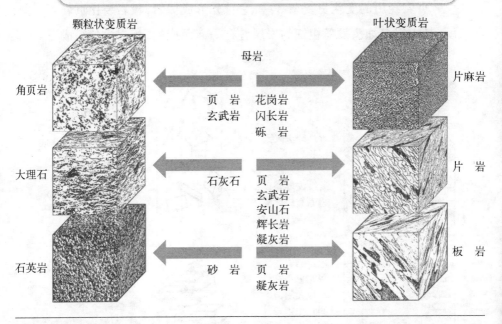

颗粒状变质岩　　　　　　　　　　　　　叶状变质岩

母岩

角页岩　　　　　　　　　　　　　　　　片麻岩

页　岩　花岗岩
玄武岩　闪长岩
　　　　砾　岩

大理石　　　　　　　　　　　　　　　　片　岩

石灰石　页　岩
　　　　玄武岩
　　　　安山石
　　　　辉长岩
　　　　凝灰岩

石英岩　　　　　　　　　　　　　　　　板　岩

砂　岩　页　岩
　　　　凝灰岩

新岩石的产生
高温高压的作用，使得岩石转化为新岩石，新岩石有的是颗粒状的，有的是条状或叶状的。

角闪岩中含有大量的硅石,是一种半透明的物质,上面有牛角状或乌龟壳状的花纹;斜长岩是一种含有铝的硅石,是一种白色半透明物质。最后,有少数砾岩也能形成变质岩,叫做变质砾岩。

砾岩和角砾岩

砾岩和角砾岩在远古的洞穴里经常出现。这些洞穴的顶部塌陷之后,雨水就顺着洞口流进洞来,雨水中带有各种各样的碎块,这些碎块也跟着流进洞来,在洞里它们也没有别的地方可去,长年累月集聚起来,在压力以及自然界的黏合剂的作用下,渐渐形成了砾岩和角砾岩。岩石颗粒之间或岩层之间的碳酸钙沉积的过程叫做钙化。砾岩中的碎石块大小不一,都是圆形或

> 砾岩和角砾岩都是由碎石块黏合在一起形成的,这些石块有的大有的小,不像别的岩石结构那样规则,这是因为在沉积过程中,由于某种原因,这些碎石块杂乱无章地沉积在一起,日久天长就形成了这种结构不规则的岩石。

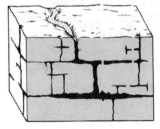

洞穴的形成
雨水从石灰石中的缝隙渗透下来(左图);渗下来的雨水慢慢地溶解掉地下的岩石(中图);越来越多的岩石被溶解掉,逐渐形成了洞穴(右图)。

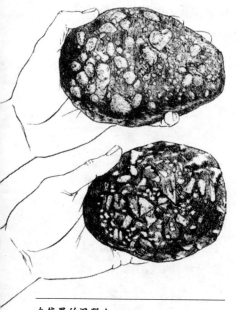

椭圆形,而角砾岩中的碎石块则有棱角。

不过大多数的砾岩是在河流的底部形成的。当一些较大的石块沉积下来后,它们像水坝一样阻挡住后面来的小一些的石块和泥沙,这样,河流的底部就沉积了大小不一的各种石块,水中溶解的一些化学成分这时候也发挥作用,比如碳酸钙和氧化铁,它们像胶水一样将这些沉积物粘在一起,形成岩石。

自然界的混凝土
砾岩(上图)中的碎块是圆形的,而角砾岩(下图)中的碎块是有棱角的。

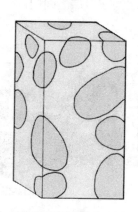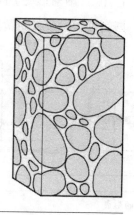

岩石成分
不同的砾岩中黏合剂与碎石块所占的比例也不一样。

在山脚或者发生山崩的地区很容易找到砾岩，山崩把各种各样的岩层混合在一起，这些混合物久而久之就变成了岩石。另外，冰川退却后剩下的冰碛也是产生砾岩的地方，冰川搬运着各种石块和泥土，当这些冰融化之后，剩下的冰碛也就成了产生砾岩的材料。

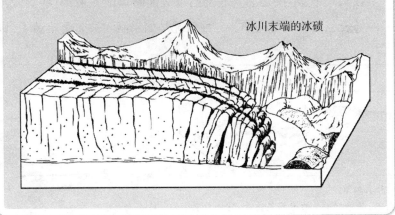

冰川末端的冰碛

化 石

化石的规模有大有小，当物质在岩洞、湖泊和海洋中沉积下来，它们形成的沉积岩也属于化石，因为这些岩石刻画了沉积区域的地形状况。有些化石只有几

动物和植物的样子被岩石保留下来就形成了化石。不仅如此，有些无机物的细节也能够被岩石保留下来，也能形成化石。这些化石往往是由于沉积作用形成的，反映了当时的地形状况。

厘米，而有些化石能够有几千米。沉积物也能刻画地表的形状，例如沉积岩中可以看到泥土或沙粒形成的纹路，有时候甚至雨点落下来形成的小坑都能被保留下来。火山灰是保留这些细节非常好的材料，因为它们是非常细小的粉末，而当它们沉积下来，遇到水之后就会变硬，随后而来的火山灰又把之前的火山灰包住，因此火山灰内部物体的外形就得以保留下来。

在洞穴中，不仅是洞穴底部的外表能够保留下来，有些洞穴顶部的外表也能够保留下来。一种情况是如果洞穴被完全填满了，则

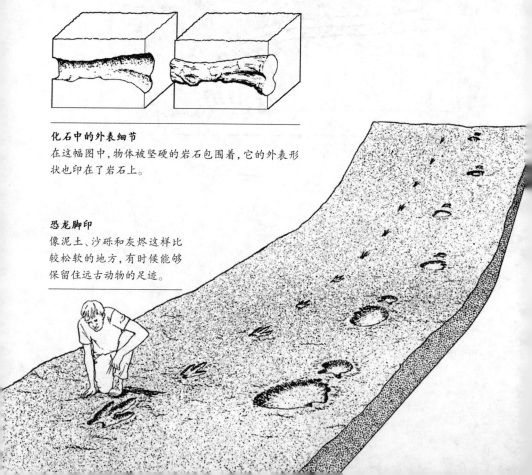

化石中的外表细节
在这幅图中，物体被坚硬的岩石包围着，它的外表形状也印在了岩石上。

恐龙脚印
像泥土、沙砾和灰烬这样比较松软的地方，有时候能够保留住远古动物的足迹。

洞穴顶部的外表自然就被这些填充物表现出来了；不过还有另外一种方式，也能表现出洞穴的顶部，那就是当水流流过洞穴顶部的岩石时，水流中溶解的碳酸钙不断沉积在这些岩石上，形成一种叫做石灰华的物质，石灰华就像石膏一样，能把它包着的物体表面的细节很清晰地表现出来。

知识窗

岩浆可以流动，在地下的岩浆有时候会流入岩石的缝隙或者洞穴中，当这些岩浆冷却后形成火成岩，这些火成岩能够很好地反映地形的状况。火山喷发出的熔岩也是一样，它们流过地表，冷却之后就成了岩石，这些岩石也能保留地表的形状细节。

保留在火山灰中的人体
古罗马的维苏威火山爆发时，喷发出了非常多的火山灰，这些火山灰很快就把附近的小镇掩埋起来，图中一个没能逃走的病人被埋在了火山灰中，一些动物也被活埋了。

石头树
这些化石保留了树桩的样子，化石上面覆盖的岩层被侵蚀掉后，树桩化石就显露了出来。

七

侵蚀过程及其他

从岩石到土壤

　　岩石暴露在化学物质中就会受到侵蚀,尤其是水的侵蚀最为厉害,比如在山顶、海边的悬崖和洞穴中的岩石,受到的侵蚀很严重。岩床是岩石最初的样子,它是很大一块连续的岩石,构成了地面的根基。简单地说,岩石受到侵蚀的过程可以分为下面几步:从岩床到大石块,从大石块到石块,从石块到再小的石块,然后变成沙砾,沙砾变成土壤,土壤变成溶解质,每一步之后岩石都变小了,直到最后变成溶解质,也就是溶解在水中的物质,比如海水中的盐。

　　侵蚀过程分为两种:物理侵蚀和化学侵蚀。物理侵蚀中,岩石受到撞击和挤压,从大块的岩石破碎成小块的岩石。在冰雪的挤压下,山顶的大块岩石发生松动,从岩床上脱裂下来,一旦大岩石脱落,

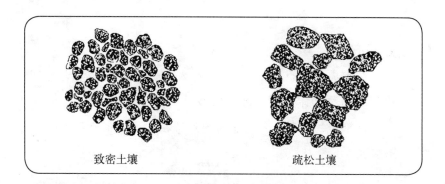

致密土壤　　　　　　　疏松土壤

土壤的疏密

致密的土壤颗粒比较小,颗粒间隙中的空气比较少;疏松的土壤颗粒比较大,颗粒间隙中的空气比较多。

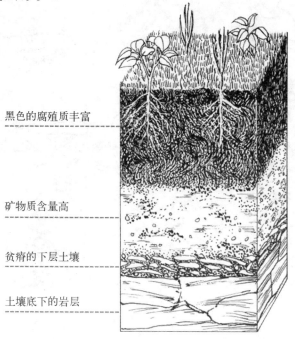

黑色的腐殖质丰富

矿物质含量高

贫瘠的下层土壤

土壤底下的岩层

土壤的结构

这是一幅土壤的截面图,从图中我们可以看到,不同成分的土壤一层层地叠在岩层之上。

知识窗

在形成土壤的过程中，一些生物起的作用也很大，它们的排泄物和尸体留在土壤里能够形成腐殖质，黑色的腐殖质是土壤中的肥料。一些植物死后留在土壤中也能产生腐殖质。

有助于土壤形成的小动物

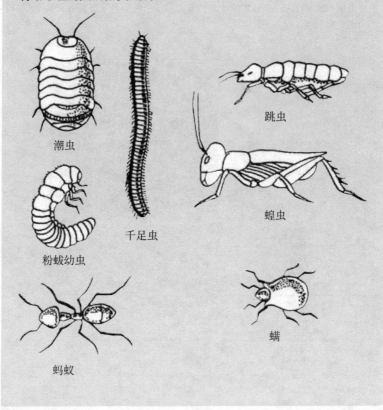

潮虫

千足虫

粉蛾幼虫

跳虫

蝗虫

蚂蚁

螨

它就顺着高山滚下来，在下山的过程中到处碰撞，不断破裂成更小的石块，这些小石块又被流水带走，在水流中不断碰撞，变得更小。

最后这些岩石变得很小很小，成为沙和泥，泥和沙混在一起就形成了土壤。土壤中的岩石颗粒非常小，比起相同体积的岩石，土壤的表面积要大得多，因此土壤和水接触得更加充分，能够释放出植物需要的营养物质，这就是我们所说的肥沃的土壤。岩石溶解在水中的过程叫做化学侵蚀，有些岩石要比其他岩石更容易溶解于水，尤其是那些含有很多碳酸物的岩石。

土壤的类型

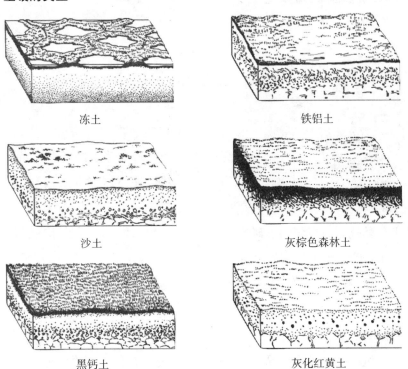

冻土

铁铝土

沙土

灰棕色森林土

黑钙土

灰化红黄土

黄石公园　怀俄明州

布莱斯峡谷　犹他州

侵蚀地貌

在水、风、冰雪和温度变化的作用下，侵蚀作用把地表雕刻成各种各样的形状。

物理侵蚀

在水、温度和引力等外力作用下，大块的岩石被分化瓦解成小块，高山被削低，低谷被填平，这便是物理侵蚀。

在山顶，雨水沿着岩层之间的裂缝渗透到岩层中间，当这部分水结成冰后，体积膨胀，使得岩层发生松动，最终岩石被撬起，从山顶滚落下来，一路上与其他岩石发生猛烈碰撞，产生更多的碎石块。山顶的冰雪融化成水，汇成山间的溪流，溪水能够把一些碎石块搬运到下游，在搬运的过程中，碎石继续不断与溪流底部的岩石发生碰撞，变成更小的石块，这样它们能够被流水带到更远的地方。年复一年，高山就这样被削平了，这属于物理侵蚀。

风也能造成物理侵蚀，在沙漠上，风把表层的土壤吹走之后，只

阿耶斯山上的冰川
阿拉斯加

冰川
在常年低温的地方，冰川
在山脉中冲刷出峡谷。

知识窗

　　冰川也是造成物理侵蚀的因素之一，它是一条由冰雪汇成的河流，以非常慢的速度流往山下，在冰川流经的地方，松动的石块被冻结在冰中，这些有棱角的石块让冰川像一根巨大的锯条，在地面上挖出U形的峡谷。岩石碎块落到冰川上就像落到一条传送带上，被冰川搬运到下游，直到冰川融化成水，而这些水又将侵蚀作用继续下去。

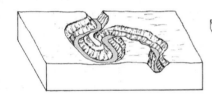
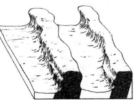

有沙砾剩下来。在沙暴的时候，被狂风卷起的沙砾速度非常快，能够把岩石的表面"啃掉"，这样形成的地形叫做沙暴地形。海洋上的风把能量传递给海水，形成了海浪，在刮台风的时候，巨大的海浪拍击着海岸，能够给沿岸地区造成显著的侵蚀作用。另一方面，海浪还能搬运岸边的石块，使这些石块沿着海岸漂移，并且彼此碰撞，变成越来越小的碎石。

风和沙
在适当的条件下，狂风卷起的沙砾能够啃掉岩石的表面。

墓碑(上)
用岩石雕刻出来的东西,久而久之它的上面就会留下侵蚀的痕迹。

化学侵蚀

溶解是最常见的一种化学侵蚀现象,岩石溶解在水中形成溶液被带走,水是溶剂,岩石是溶质。一个最典型的例子是海洋中的盐,也就是氯化钠,这是很多岩石中都有的成分,它溶解在水中后,被河流带到海洋中,海水不断蒸发,盐便在海洋中聚集起来。

其他形式的化学侵蚀同样需要水的参与,此时水起着酸的作用。二氧化碳(CO_2)溶解在水中形成碳酸(H_2CO_3),类似的,亚硝酸(HNO_2)是一氧化氮(NO)和二氧化氮(NO_2)溶解于水形成的,亚硫酸是由二氧化硫(SO_2)溶解于水形成的。

石灰石碎块

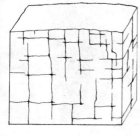 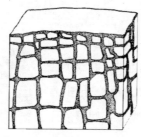 

第一步:水从岩石的缝隙中渗入,渐渐将缝隙部分的岩石侵蚀掉。

第二步:随着越来越多的岩石被水溶解,裂缝逐渐变深加宽。

第三步:岩石被这些裂缝分割开来,最终崩塌成小块。

虽然按照实验室里的标准，这几种酸都属于弱酸，但是它们腐蚀岩石的速度也要比水快得多，这种侵蚀过程叫做水解。大气中含有这些酸性气体，在大气中的水蒸气汇聚成小水珠的过程中，这些气体溶解在小水珠中形成酸雨。这些酸性气体在自然条件下就会产生，由于人类的生产活动，工厂排放的废气中酸性气体要比自然产生的多得多。

有些岩石如果暴露在大气中，也会发生某些化学变化，例如含有铁的岩石暴露出来的部分最初是灰色的，然而在大气中的氧气和潮湿的共同作用下，铁变成了氧化铁，岩石也变成了赤红色。

溶洞

溶洞内有好多奇形怪状、美丽壮观的岩石，它们是由化学侵蚀造成的。

知识窗

由于岩石是由多种物质组成的很复杂的化合物，因此它受到的化学侵蚀也是复杂多变的。溶解、水解、氧化这些作用交替进行，有时由于岩石各部分成分的不同，有些地方的化学侵蚀较快，有些地方则较慢，这使得岩石表面的颜色有明显的变化。

雨和风

雨和风的循环让全球出现天气的变化，并使得淡水在陆地上重新分配。雨和风都是大气中能量流动的表现，不同区域的大气之间的温度差异是产生能量流动的原因。

地球上的水始终不停地进行循环。从海洋开始，水循环的第一步是海水蒸发成水蒸气。太阳的能量照射到海水上，使得表层的海水变热，水分子受热后跑到空气中形成水蒸气。这个过程在陆地上也同样会发生，比如湿地和动植物身上。携带着水蒸气的热空气往上升，形成上升气流，这个过程叫做对流。这是因为热空气的分子比冷空气的分子稀疏，所以热

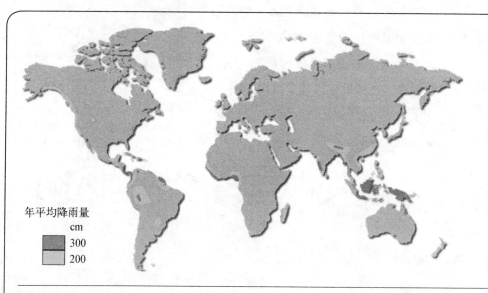

年平均降雨量
cm
300
200

潮湿和干旱

由于海拔和地形的共同影响，有些地区每年的平均降雨量要高于其他地区。左边的图是世界上年降雨量最高的地区，而右边的图是世界上年降雨量最少的地区。

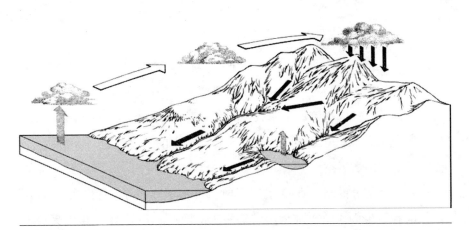

水循环

上边是水循环过程的示意图。水从海洋升到空中,被风带到陆地上空,落下的雨水又流回到海洋中。

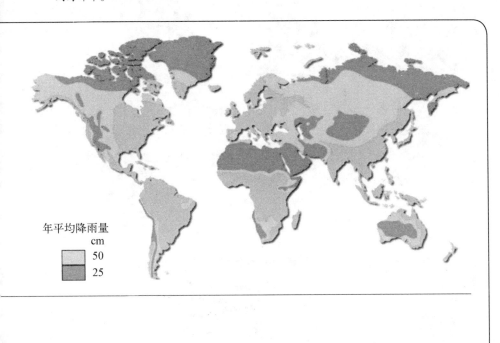

年平均降雨量
cm
50
25

空气比冷空气轻。

热空气往上升，冷空气往下沉，对流使大气中的气流作旋涡运动，这就形成了风。当热空气升到高空后，温度降低，热空气冷却，冷却后的空气携带不了那么多的水蒸气，于是水蒸气就凝结在一起，形成小水珠，这就是我们看到的云。云中的小水珠进一步汇集，最后变成雨从天空落下来。

大部分的雨水直接落到海洋里，在那里它们等待着再次被蒸发。也有不少雨水落到陆地上，这些雨水汇集成溪流，溪流再汇聚成河流，最终这些河流又流回大海。

知识窗

太阳光穿过大气层把能量送达地球表面，水循环和风循环的能量便来自于此。由于地球的公转，地球上某个地方接收到太阳光的能量是很有规律的，这意味着人们可以预测某一地区接收太阳能量的情况，从而掌握该地区的气候变化规律，这样人们便绘制出全球气候图，依照这个图能够可靠地预测某地区季节性的气候变化。

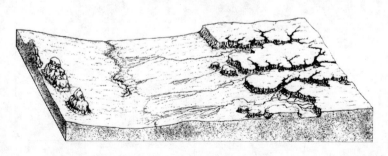

侵蚀

雨水不停地冲刷着地表，土壤中的养分也被雨水带走，最终流入海洋。

水力作用

水以气态、液态和固态这三种基本形态与地球的表面发生作用，有时发生物理作用，有时发生化学作用，不过通常物理作用和化学作用同时发生。因此，地壳的形状主要由两个

因素决定：一个是地壳内部的板块运动；另一个是地壳外部的水力侵蚀作用。

水对物体的作用有很多种方式，水是不能被压缩的，因此水可

页状分裂

在沙漠地区，岩石的表面在太阳的暴晒下变得很热（右上图），到了晚上，温度降低，岩石表面冷却收缩（右中图），如此的热胀冷缩长期进行下去，岩石的表面就会剥落下来（右下图）。上方的示意图是这种页状分裂岩石的一个横截面。

悬崖的侵蚀
白垩岩构成的悬崖很容易被海水侵蚀，这种侵蚀既有物理方面的，也有化学方面的。

以以很大的力冲击物体的表面，将物体击碎，在这个过程中水释放出动能。海浪冲击悬崖就是一个很好的例子。

由于同样的原因，水还能很有效地冲刷和搬运物体，将物体顺着水流从一个地方搬运到另一个地方。比如溪水和河水就是这种情况，随着长年累月的搬运，大量的岩石被流水冲走之后，河谷便形成了。另外，有很多非生物的组织能够漂浮或半漂浮在水中，流水搬运起这些东西来更加容易。

水还可以分裂像岩石这样硬度很大但弹性很小的物体。这是因为水结成冰后体积膨胀，如果水被吸水的岩石吸附到内部或者直接渗入到岩石的缝隙中，那么这部分的水结冰后，由于体积的膨胀，岩石往往会被撑裂，变成一堆碎石。

从化学上看,水是一种万能的溶剂,接触到水的岩石会被部分或全部溶解在水中,还有一些则悬浮在水中。悬浮跟溶解不同,悬浮的颗粒只是漂浮在水分子中,虽然悬浮的颗粒非常小,但并没有真正溶解。严格地说,悬浮应该算作是微观尺度上的物理侵蚀作用。水还可以促进一些矿物质的氧化。

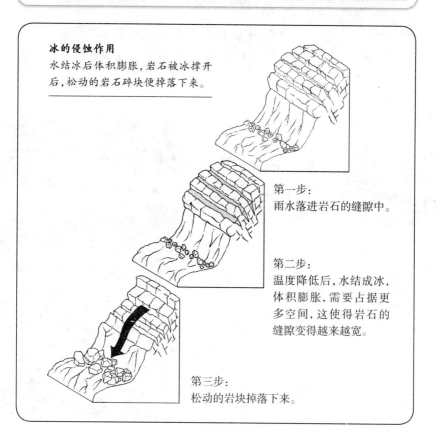

冰的侵蚀作用

水结冰后体积膨胀,岩石被冰撑开后,松动的岩石碎块便掉落下来。

第一步:
雨水落进岩石的缝隙中。

第二步:
温度降低后,水结成冰,体积膨胀,需要占据更多空间,这使得岩石的缝隙变得越来越宽。

第三步:
松动的岩块掉落下来。

风力作用

热空气的分子比冷空气的稀疏,因此热空气比冷空气轻,这导致大气中的热空气上升,冷空气下沉,这就是大气的对流。最终大气按照空气的冷热分成一层一层的,当然空气的分层眼睛是看不见的。

然而,这些分层是难以轻易保持稳定的,对流的继续,地球的旋转,昼夜的更替以及热带、温带和寒带地区的温度差异都会影响气流的分布。在这些因素的共同作用下,地球的大气中产生了一个巨

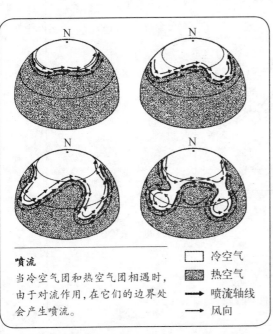

喷流

当冷空气团和热空气团相遇时,由于对流作用,在它们的边界处会产生喷流。

☐ 冷空气
▨ 热空气
➝ 喷流轴线
➝ 风向

大的对流运动，这便是我们感受到的风。

　　风只能搬运非常细小的颗粒，比如尘土或沙砾，沙漠就是在风力作用下形成的。风无法吹动稍微大一些的岩石，因为当风吹到岩

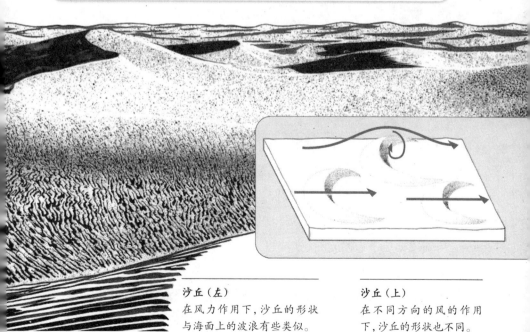

沙丘（左）
在风力作用下，沙丘的形状
与海面上的波浪有些类似。

沙丘（上）
在不同方向的风的作用
下，沙丘的形状也不同。

石上时，空气的分子会压缩在一起，风提供不了足够的能量去搬运这些石块。

风助水力产生的威力最大，这时候风的能量被水吸收，而水能够更有力地作用在物体上。在大面积的水域这种现象更加明显，比如海洋和湖泊中。

当风吹动水面时，风的能量转化为波浪的能量，如果风是由海洋往陆地方向吹的，那么波浪就会对海岸造成冲击，将它的能量释放到岸边的岩石、悬崖或者海滩上，造成侵蚀作用。

冰力作用

虽然冰通常被认为是固体，但它实际上是一种流体，只不过它的黏性非常大，因此流动得非常缓慢。有了这样的认识，我们便能更好地理解冰力作用的特点。

在寒冷的地区，比如北极、南极和高山上，积雪会不断堆积在一起，在其自身的重力作用下结成冰，这些冰雪在地球引力作用下会缓缓地往山下流动，像一条由冰雪组成的河流，这就是冰川。

冰川的行为和河流很相似，不过它流动的速度非常慢。冰川经过的地方，碎石都被冻结在冰中，随着冰川被搬运走，这些碎石的棱角划过冰层下方的岩石，造成进一步的侵蚀。由于古代冰川的活动，有些地方会形成一种叫做羊背石的地貌，羊背石的迎冰面因刨蚀作用而平缓地倾向上游，背冰面因掘蚀作用多为参差不齐的陡坎。

水冷却后凝结成冰，这一过程也有很强的侵蚀作用，虽然它不

水结成冰后体积膨胀，因此冰能够漂浮在水面上。有些地方的冰川一直延伸到海洋，于是冰川中的碎石能够随着冰块漂浮到很远的地方。虽然冰相对较轻，但冰可以叠加在一起，形成很厚的冰层，这些冰层非常非常重，甚至可以将岩石压得下陷。比如格陵兰岛的中心陆地被冰层压得比海平面还要低，南极洲以及加拿大的巴芬岛也都属于这种情形。

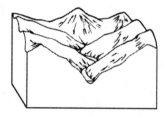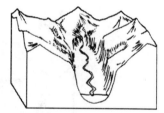

冰蚀峡谷
一条V形的河流从峡谷中流过（左），在冰河期，这条河变成了冰川，冰川侵蚀出U形谷（中），冰川消退后，U形谷留了下来，河流从U形谷底部流过（右）。

像冰川那样轰轰烈烈，但坚硬无比的岩石也不得不屈服于它的威力。这是由于水结成冰后体积膨胀，因此如果岩石的内部或者缝隙中的水结成冰，那么岩石的裂缝就会被冰撑大，在反复的冻结和融化过程中，岩石的裂隙就会扩大、增多，以至石块被分割出来，这种作用叫冻融作用。它使得整座高山或者悬崖被层层瓦解，被瓦解出来的石块堆在一起形成岩屑堆。

瑞士阿尔卑斯山

瑞士阿尔卑斯山的很多峡谷仍然受到冰川的侵蚀，因为这里海拔很高，积雪终年不化。

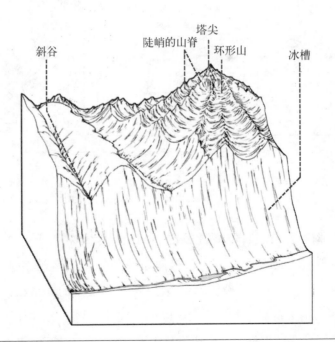

斜谷　　陡峭的山脊　塔尖　环形山　冰槽

陡峭的斜坡

冰川的侵蚀作用相当厉害，这些崎岖陡峭的斜坡就是在冰川的侵蚀下形成的。

矿物质和土壤

含有金属成分的岩石叫做矿石。有时这些金属天然就是纯净的，比如金和银；不过更多时候，这些金属成分是和其他物质结合在一起的，需要通过加工才能把金属分离出来。矾土是一种含有铝的矿石，可以加工提炼出铝。

有些岩石含有大量可以利用的成分，比如石灰（氧化钙）可以从

岩石中含有各种各样的单质和化合物，这是由岩石的形成过程所决定的。不同的岩石对人类的利用价值也不同，种类丰富的岩石为人类提供了广阔的利用空间。

矿物质

石英
由硅和氧形成的化合物，很多岩石中都有这种成分。

盐
由钠和氯形成的化合物，在海水中含量相当丰富。

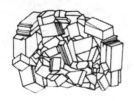

锡石
含有氧和锡的一种化合物，金属锡便是由它加工而成的。

方解石
由钙、硅和氧形成的化合物，是大理石和石灰石的主要成分。

石灰石中得到。把石灰和黏土一起烧制，可以生产出水泥，这是一种广泛应用于建设房屋、公路和桥梁的材料。

有些岩石非常稀有，比如宝石。宝石是由一些稀有矿物质聚集在一起形成的，这些稀有矿物质受到高温而熔化，慢慢汇集到一起，之后又冷却成结晶，形成宝石。钻石的成分其实是很普通的

铜矿

铜矿石的分布比较分散，不像其他矿石那样只有集中在薄薄的一层中。因此铜矿石往往不适合隧道开采，而是采取露天开采。

碳，但它却相当珍贵。刚玉是氧化铝（Al_2O_3）结晶而形成的，这就是我们所说的红宝石和蓝宝石。

土壤是由岩石侵蚀而来的，因此土壤的性质和侵蚀之前的岩石性质有直接关系。亚黏土是由沙粒和陶土颗粒组成，还含有一定量的有机物；黄土是风搬运的岩石颗粒沉积下来形成的，黄土中含有很多种成分，但土壤的颗粒通常都很小而且结合得很疏松。冲积土和亚黏土比较相似，不同之处在于亚黏

土中含有有机成分，而冲积土中则含有淤泥，淤泥的颗粒非常小，因此相同的体积下它有更大的表面积，这往往有利于形成肥沃的土壤。

铁矿石

铁矿石中含有多种氧化铁，为了得到纯铁必须先把这些氧除掉。

黄金

金通常是不与其他物质发生反应的，因此它在自然界中往往以天然的形式存在。

潮汐和洋流

月亮的吸引力作用于地球表面，因为海水是具有流动性的，而陆地不具有，因此这个引力使得海水发生运动。太阳也同样给地球一个吸引力，这个吸引力也影响着海水的运动。于是，地球、月亮和太阳之间相对位置的变化，引起了地球上海洋的潮汐运动。

每天，在沿海地区可以看到涨潮和退潮各两次，一个潮汐涨落的周期是12小时零20~25分钟，因此第二天的潮汐会比前一天晚

→ 暖流

--→ 寒流

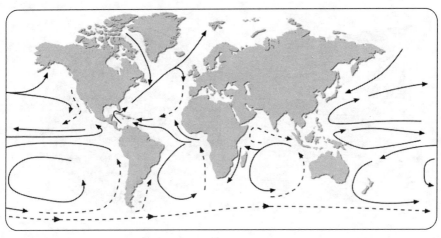

洋流
风力驱动着洋流，海洋周围的表面热量因此得到转移。

108

40~50分钟。大洋上潮汐的落差很大，能够达到几米高，但在地中海这样的内海，潮汐的落差只有几厘米。当太阳和月球与地球处于同一直线的时候，潮汐的落差最大，这叫做春潮；在两个春潮的中间，潮汐的落差最小，叫做小潮。

风是引起洋流的主要原因，除此之外，地球的自转也能改变洋流的方向，在这两个因素的共同作用下，在赤道的南北两侧形成了环形洋流。

还有一些因素能够引发洋流，比如热水与冷水交汇时，由于热水的密度比冷水小，因此热水上升，冷水下沉，形成对流。当来自两极的寒冷海水和来自赤道的温暖海水相遇时就会出现这种现象。

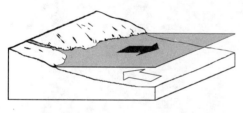

河流入海口处的洋流
在河流入海口处，淡水和咸水交汇，水的密度差异引起洋流。

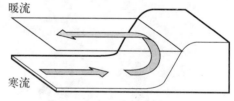

温差引起的洋流
冷水上升之后受热，温度渐渐升高。

知识窗

　　引起洋流的第三个原因是淡水和盐水的密度差异，这种现象在河流的入海口很常见。不同密度的水，伴随着河水携带的动能，盐水下沉，淡水上升，引起类似对流的运动。

为什么会发生潮汐?

　　地球上的海水有潮汐运动,造成这一现象的主要原因是月球对地球的引力。太阳对地球的引力也起一小部分作用。落差最高的潮汐(春潮)发生在太阳和月球跟地球在一条直线的时候(上、中),落差最小的潮汐(小潮)发生在太阳与月亮在垂直方向上的时候(下)。

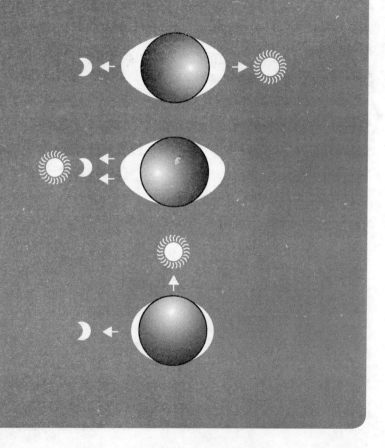

四季更替

地球绕太阳旋转,它的轨道几乎是一个正圆形,因此在旋转的过程中,地球与太阳之间的距离没有太大的变化,不足以引起春夏秋冬的四季变化。真正造成四季更替的原因是地球倾斜的角度,也就是地轴与地球公转平面之间的夹角,这个夹角为23.4度。

由于这个交角的存在,在12月21日或22日(这是北半球的冬至日和南半球的夏至日),地球的北极朝着太阳的反方向倾斜23.4度,而在6月21日或22日(这是北半球的夏至日和南半球的冬至日),地球的北极朝着太阳方向倾斜23.4度,这几天叫做二至点。当地球从一个二至点转过90度,到达两个二至点中间的时候,太阳正好位于赤道的正上方,这几天叫做二分点,大约发生在每年的3月21日或22日和9月21日或22日。

如果太阳光照射到地球的角度不同,那么光线在大气中需要经过

在地球公转的过程中,地球位置的改变引起了四季更替。地球绕太阳旋转一周的时间为一个地球年,一个地球年等于365.3天。

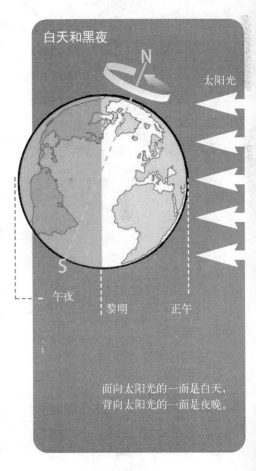

白天和黑夜

N

太阳光

S

午夜 黎明 正午

面向太阳光的一面是白天,背向太阳光的一面是夜晚。

的距离也不同，同样多的光线照射到的地表面积也不同，这就引起了地球上的温度变化，我们称之为四季更替。在南北回归线之间的区域都有机会得到太阳的直射，这时候太阳需要穿过的大气层最薄，地表得到的热量也最多。

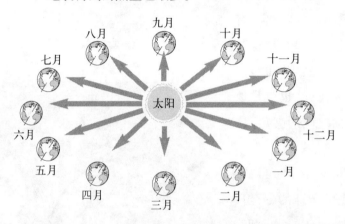

在地球一年的公转周期中，地轴的角度不断发生改变，引起了四季更替。

四季

当地轴朝着太阳的反方向倾斜时，北半球进入冬季，白昼变短，夜晚变长。

北半球的冬至日是在12月22日，这一天也是南半球的夏至日。

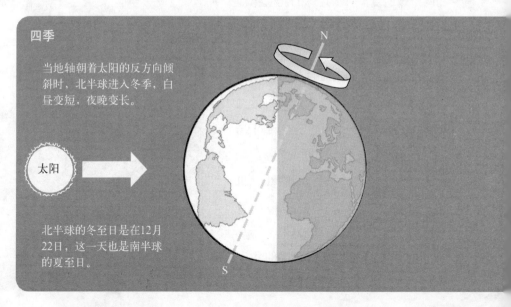

在南北回归线之外,太阳光必须穿过更厚的大气层才能到达地球表面。在北极圈所包围的地区,冬天的时候一天24小时都是夜晚,到了夏天则一天24小时全是白天。南极圈所包围的地区也有类似的现象,回归线和极圈之间的部分叫做温带。

气候带

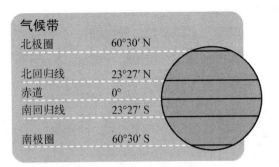

北极圈	60°30′ N
北回归线	23°27′ N
赤道	0°
南回归线	23°27′ S
南极圈	60°30′ S

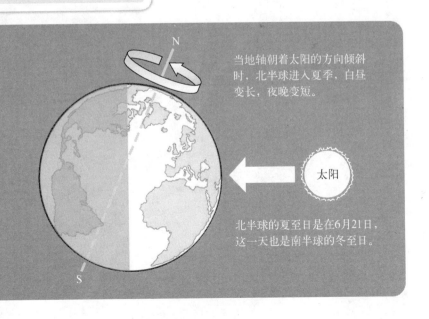

当地轴朝着太阳的方向倾斜时,北半球进入夏季,白昼变长,夜晚变短。

太阳

北半球的夏至日是在6月21日,这一天也是南半球的冬至日。

冰　川

冰川运动每隔几千年就在地球上爆发一次，现在的地球正处于两个冰川运动的间隙，所以大部分地区都相对比较温暖。根据地质上的证据，在目前我们正在经历的冰河期里，已经爆发了大约二十余次的冰川运动。

冰河期的产生与地球绕太阳旋转的轨道有关，主要由三个因素所决定：第一个是地球倾斜的角度，这个角度会发生周期性的变化，一个变化周期为4.1万年；第二个是地球在公转过程中的轻微摆动，

○ 1.8万年前的冰河期时冰层覆盖的区域

○ 冰层今天覆盖的区域

冰层
在最近的一次冰河期中，北极的冰雪向欧洲和北美延伸，厚厚的冰层覆盖了大陆达几千年之久。

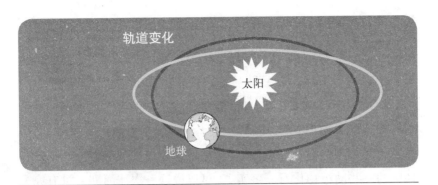

轨道变化

太阳

地球

轨道改变

地球绕太阳运行的轨道以 4.6 万年为一个周期振动着。

知识窗

历史上主要的冰河期是由科学家的名字命名的,一般都要给出冰河期开始和结束的时间。最早的冰河期叫做休伦冰河期,发生于 27 亿年至 18 亿年之间。最近的一次冰河期叫做更新世冰河期,它开始于 164 万年前,至今都还没有结束!

长毛象

在冰河期的北半球,这些体形巨大的长毛象在进化中存活了下来。

这个摆动的周期大约是2.1万年；第三个因素是地球的公转轨道的形状，这个形状在正圆形和椭圆形之间振动，周期为4.6万年。这三个因素综合在一起，在地球的历史上造成了一系列的冰河期，冰河期有长有短，每一次冰河期都伴随有冰川运动的爆发。最近的一次冰河期叫做更新世冰河期，它几乎主宰了整个更新世。今天，这次冰河期所造成的影响仍然在继续，比如被冰川侵蚀的地形和亚寒带地区的一些动植物化石。事实上，可以说这一次冰河期还没有完全结束，地球在几千年内将再次遭到冰川的袭击。

特殊地貌

侵蚀作用不断地改变我们周围的地貌，通常，侵蚀过程只会产生一些平缓的丘陵和山谷，但在有些地方，由于气候和地质的原因，侵蚀过程会在那里产生一些非常特殊的地形。

位于犹他州和亚利桑那州的纪念谷是一处非常奇特的地质景观，这里的岩石发生了一种叫做"差速侵蚀"的现象，由于有的岩石被侵蚀得快，而有的岩石则被侵蚀得慢，因此地面上留下一座座巨大的岩柱，像一个个纪念碑一样，因此这里就叫做纪念谷。每个岩柱顶部都是耐侵蚀的岩层，它们像盾牌一样保护着下方的岩石不受雨水的侵蚀。犹他州的布赖斯峡谷国家公园也有类似的景观，它有千万根天然红色石柱，还是位于犹他州的寨昂国家公园，有一个正在形成的穹形，而那里原本是一面悬崖，悬崖顶部是耐侵蚀的岩石，它把底下不耐侵蚀的岩石扣住，雨水慢慢地渗下悬崖，把底部的岩石侵蚀掉，顶部的岩石便凸显出来

纪念谷

这里原来是一个高原，在侵蚀作用下，高原不见了，只剩下一根根巨大的石柱。

变成了化石的沙丘

表面的岩石被侵蚀掉后，就出现了古代沙漠的沙丘化石。

犹他州的拱门国家公园

由于侵蚀作用，岩石形成了一个巨大的拱门。

形成穹形。

　　犹他州的这些景观是由雨水冲刷地表而成的。另外还有一类侵蚀是由地下水的侵蚀造成的，地下水就是流动在地面之下的水，地下水能够把石灰石溶解，这些石灰石被侵蚀得支离破碎，在地下形成很多裂缝和溶洞，这种地形叫做喀斯特地貌。中国的桂林是喀斯特地貌的一个很典型例子，那里到处是石灰石被侵蚀之后留下来的山峰和地下溶洞。在美国佛罗里达、肯塔基和印第安纳有一种塌陷地形也属于喀斯特地貌，那里的地面上到处是杂乱无章的下陷，就像一个个炸弹爆炸留下的坑。

117

中国桂林（上）
这些高低不平的石头山是岩石内部水力侵蚀的结果。

知识窗

在美国黄石国家公园的貌藐斯温泉有一种"石灰华地形"。水中的碳酸钙在这里不断沉淀下来，而同时地下的温泉又不断冒出来溶解碳酸钙，形成的一个个水池像梯田一样分布。

海底景观

　　海底的绝大部分都是一层厚厚的沉积物，然而在这些沉积物的底下却是千奇百怪的地质景观。沉积物主要是由一种叫做有孔虫的单细胞生物遗体中的钙质积聚而成的。经过成千上万年的沉积，这些沉积物形成一层叫做海泥的灰白色物质，有些地方的海泥厚度可以达到几百米。在最古老的海洋中海泥最厚（消亡带），而在最新的海洋中海泥最薄（扩张脊）。

　　海洋的地壳要比陆地上薄得多，因此地壳下的岩浆更容易在这里涌出来，于是海底的火山随处可见，更有趣的是，这些火山的源头是固定不动的，而海洋的板块却是在不断的运动中，这就导致海底

> 　　陆地的地貌是在侵蚀和板块运动的共同作用下形成的。而海底的地貌则是由板块运动和沉积作用共同影响下形成的。

海底地貌
海底的地形中也随处可见山峰和峡谷。

出现一连串的火山，这些火山记录了板块运动的过程。如果海底火山高过了海面，就形成了火山岛，在太平洋上有数以百计的火山岛和数以千计的海底火山。

除了一些火山和峡谷，海底大体上是平整的，然而从深海到大陆之间通常会有一个过渡区域，首先是一个从深海开始的陡坡，然后接着的是一个缓坡一直通往大陆，这个过渡区域叫做大陆架。从地质上看，大陆架虽然被海水覆盖，但实际上却是大陆的一部分。它是在几百万年的侵蚀作用下被海水冲刷出来的，可以有几千米宽。

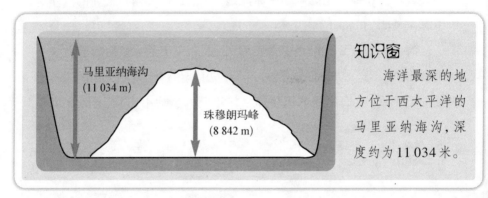

马里亚纳海沟
(11 034 m)

珠穆朗玛峰
(8 842 m)

知识窗

海洋最深的地方位于西太平洋的马里亚纳海沟，深度约为11 034米。

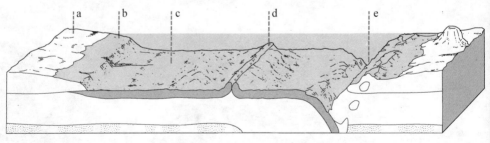

海底的地形
海底的地形主要由板块运动决定。

a 大　陆　　　b 大陆架　　　c 深海平原　　　d 中洋脊　　　e 海　沟

120

海岸景观

海岸是海浪不断侵蚀的对象，它年复一年地受着海浪的冲刷。

风吹着海面，把能量传递给波浪，当波浪冲击到岸边时，这些能量被释放出来，海水不仅能对海岸造成物理上的冲击，还能溶解和冲刷暴露在外的岩石。

如果岸边有悬崖受到海浪的冲击，那么我们可以看到一个很明显的侵蚀过程：海浪不断冲击悬崖底部的岩石，通过化学和物理的方式将这些岩石侵蚀掉，形成一个悬崖下方的空洞，空洞上方的岩石无法承受其自身的重量，这部分悬崖就会崩塌到海水中，海浪继续冲击崩塌下来的岩石，慢慢把它们侵蚀掉，这样海浪又能够去冲击新形成的悬崖，又一轮的进攻就这样开始了。这种侵蚀的速度与组成悬崖的岩石的种类有关，也与海浪携带的能量大小有关。

当海浪冲击到不同的岩石的时候，侵蚀的速度也会有所不同，这样往往会形成一些独特的景观，如果海浪在一个地方突破了耐侵蚀的岩石防护层，它就能很轻易地侵蚀掉防护层内部易受侵蚀的岩石，形成一个∩形（马鞍形）的海

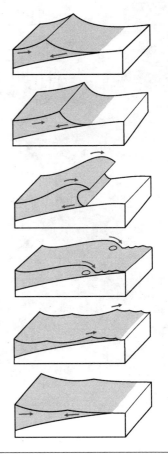

海浪
当海浪冲击到陆地后，海水和地面的摩擦使得海浪逆旋，之后海浪被击碎。

121

鹅卵石（左）

在海浪的作用下，这些碎石互相碰撞摩擦，形成了表面十分光滑的鹅卵石。

差速侵蚀（下）

当海浪冲击到不同的岩石的时候，侵蚀的速度也会有所不同，这样往往会形成一些独特的景观，比如下图中的五个海岸地形。

礁柱——受到被折射的海浪严重侵蚀而成。

陡崖——在海浪的物理和化学侵蚀下形成。

崩崖——悬崖的底部有很多石块。

壶穴——弯月形的沙滩，被两个岩石海角包围着。

层间洞穴——底部易受侵蚀的岩石被侵蚀之后形成。

岸，叫做小海湾，如果一处耐侵蚀的岩石两边都受到了侵蚀，就会形成∩∩形的海岸，这叫做半岛，海浪继续侵蚀半岛暴露出来的部分，又导致半岛中出现一串拱门。

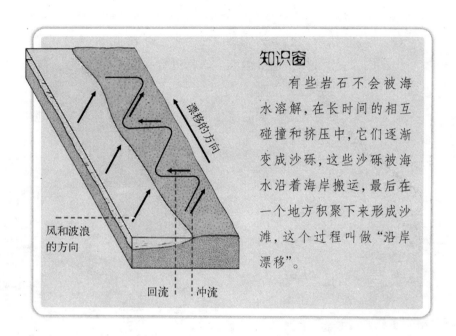

风和波浪的方向

漂移的方向

回流　冲流

知识窗

有些岩石不会被海水溶解，在长时间的相互碰撞和挤压中，它们逐渐变成沙砾，这些沙砾被海水沿着海岸搬运，最后在一个地方积聚下来形成沙滩，这个过程叫做"沿岸漂移"。

外星撞击

月球的表面布满了大大小小的陨石坑，这些陨石坑有好几百万年的历史了，它们都完好无损地保存下来，这是因为月球上没有水也没有风，不存在侵蚀作用。而在地球上情形就完全不同了，地球受到外星天体的撞击频率与月

通过月球的表面我们可以看到，宇宙中曾经充满了到处乱飞的小行星，一不小心就有被它们击中的危险。

球是一样的,然而在侵蚀和地壳运动的作用下,地球的表面已经看不出一点被撞击过的痕迹。

地球的大气层也能起到一定的保护作用,流星在通过大气层时与空气发生摩擦,受热燃烧,小一些的流星在落到地面之前就燃烧完了,然而体积较大的流星仍然可以撞击到地球表面,而且每年确实有很多的流星落到地球上,但大多数都没有引起人们的注意,除非碰巧流星砸中了房屋或汽车。

然而在史前,曾经有巨大的流星撞击过地球,撞击甚至使得地球上的生存环境发生了翻天覆地的变化。

知识窗

根据科学家的计算,直到大约40亿年前,地球一直不断地受到小行星的撞击,有些小行星的直径甚至达到了64千米。在这之后,小行星差不多都撞击完了,地球受到的撞击越来越少。今天,地球上发生大碰撞的概率微乎其微,但总有一天,地球上还是会不可避免地再次发生大撞击。

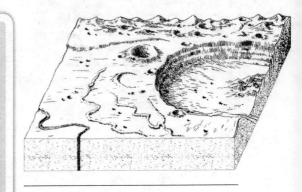

月球的表面
月球上仍然完好地保留着陨石坑,因为月球上没有侵蚀作用。

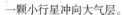一颗小行星冲向大气层。

小行星与空气摩擦,产生的高温使小行星燃烧起来。

燃烧着的小行星划过夜空,就是我们看到的流星。

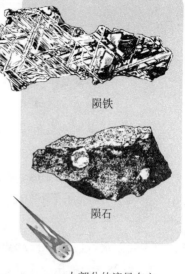

陨铁

陨石

6 500万年前,一颗巨大的流星击中了现在的墨西哥湾,很多科学家认为这次撞击导致了恐龙的灭绝。这次撞击产生了大量的烟尘和水蒸气,这些有毒的气体笼罩了大气层,地球上好几个月都不见天日。大部分的物种都在这次撞击后灭绝了,这次撞击留下的陨石坑仍然存在,但它早已被沉积物所填平,只有通过特殊的勘探仪器才能观察到。

大部分的流星在空中就被烧尽了。

没有烧尽的部分撞击到地球上。

落在地上的流星成为陨石。

陨石坑
流星与地球碰撞发生猛烈的爆炸,高温使得岩石气化,爆炸之后便留下这种神秘的陨石坑。

地下水和溶洞

如果某个地方的岩石**能够被**水溶解，那么水很容易渗入岩石的内部，形成地下水，最终这些地下水又会流回地表。

白垩石和石灰石可以溶解于水，水可以通过这些岩石的缝隙渗透，将沿途的岩石侵蚀掉。最终水在岩石内侵蚀出错综复杂的通道和溶洞。这些地下水再往下会碰到不溶于水的岩层，这时水有可能冒出地表形成泉。在有些地方，水的这种侵蚀作用非常厉害，造成溶洞顶部的岩石坍塌，使得地表下陷，这叫做喀斯特地貌。

地下水形成的溶洞内部有一番奇特的景观。由于洞穴顶部岩石的坍塌，溶洞的顶通常为很大的弧形，而洞底则是很多的碎

石灰岩表面

水会渗入石灰岩的表面，不断地将岩石间的缝隙侵蚀得越来越宽，越来越深，使得石灰岩表面变成下面图中的样子。

知识窗

有时地下水被夹在两层不溶于水的岩层之间，这些水受到压力，如果有通到地面的小孔，这些水就会顺着小孔往上涌，形成自流泉，由于地下压力的作用，这些水能够自动地喷涌出来。

石。从洞顶渗下来的水滴中溶解的岩石已经达到饱和,这些水滴在下落时,水中的一部分已溶解的岩石会沉淀下来,成千上万年后,这里就形成了一个个石柱,像一根根大冰针,挂在溶洞顶部的岩柱叫做石钟乳,立在底部的岩柱叫做石笋,形成石钟乳和石笋的成分叫做石灰华。

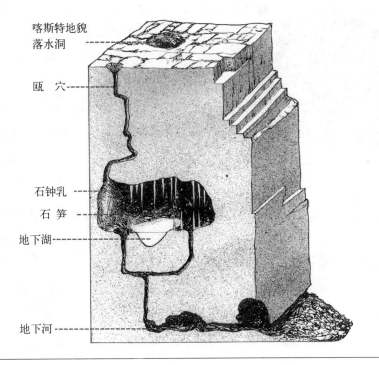

喀斯特地貌
落水洞
瓯　穴
石钟乳
石　笋
地下湖
地下河

溶洞系统(上)

在石灰岩的表面之下,通常是错综复杂的地下溶洞系统。

生命的诞生

地球上很多地质现象是与生命的参与有关的。比如白垩石和石灰石，它们在地球上广泛分布，正是古代的生物遗体沉积下来，形成了白垩石和石灰石。类似地，环礁是由古代的珊瑚礁转化而来的。原油和煤炭也是由古代的动植物遗体转化而来的。目前还不清楚生命在地球上究竟是如何产生的，科学家还无法在实验室里模拟出生命产生的过程，不过通过模拟43亿年前的地球环境，科学家成功地得到了构成生命的基本物质。这个试验将电流通过混合的气体和水来模拟当时的环境，结果得到了氨基酸，这是形成生命所必需的蛋白质的基本材料。科学家推测，在地球上发生过一系列大规模的运动，经历了漫长的时间后，蛋白质最终形成了像细菌这样的生命形式。

早期地球大气中的二氧化碳的浓度非常高，今天的生物根本无法在那样的环境下生存，改变这种环境的有可能是一种叫做光合蓝细菌的蓝绿色的藻类，它们体内的叶绿素利用太阳能将水和二氧化碳转化成养分，并且释放出氧气。当大气中有了足够的氧气可以用来呼吸之后，高级的生命形态就出现了。最早出现的是真核单细胞生物，它们是一种单细胞动物，并且具有细胞核，之后真核单细胞生物慢慢演化出植物、真菌和动物。

单细胞海藻化石
这种单细胞的生命形态出现在大约10亿年之前。

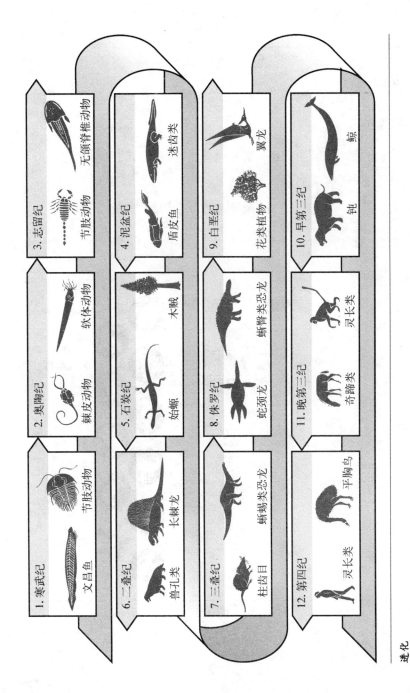

1. 寒武纪　文昌鱼　节肢动物
2. 奥陶纪　棘皮动物　软体动物
3. 志留纪　节肢动物　无颌脊椎动物
4. 泥盆纪　盾皮鱼　迷齿类
5. 石炭纪　始蜥　木贼
6. 二叠纪　兽孔类　长棘龙
7. 三叠纪　柱齿目　蝴蝎类恐龙
8. 侏罗纪　蛇颈龙　蜥臀类恐龙
9. 白垩纪　花类植物　翼龙
10. 早第三纪　钝　鲸
11. 晚第三纪　奇蹄类　灵长类
12. 第四纪　灵长类　平胸鸟

进化

从地球上最原始的生命开始，进化过程也就开始了，而且进化过程还会一直地继续下去。

我们对古代生物的大部分认识来自化石,这些化石在沉积岩中保存了下来。有很多古代的生物到今天已经灭绝了,但物种有着从低级往高级进化的趋势。从无脊椎动物到脊椎动物,再从脊椎动物到人类,这是自然选择的作用。只要地球上有生命的存在,进化过程就会不断地进行下去。

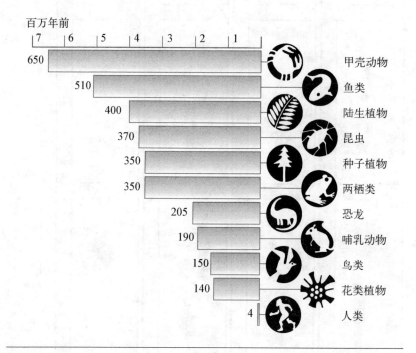

百万年前

| 7 | 6 | 5 | 4 | 3 | 2 | 1 |

650 甲壳动物
510 鱼类
400 陆生植物
370 昆虫
350 种子植物
350 两栖类
205 恐龙
190 哺乳动物
150 鸟类
140 花类植物
4 人类

进化图

各种生物在地球上出现的时间是不一样的,有些生物已经在地球上生活了几百万年,而人类则是最近才出现的。

八

时间表

生物进化纪年表

时　　间			发生的现象或出现的事物
15 000—4 500 宇宙膨胀 行星形成	15 000 10 000 9 000 8 000 7 000 6 000 5 000 4 550	百万 年前	宇宙开始从一个点膨胀。 稀疏的星云开始积聚成星系。 无数年轻的恒星组成星系。 恒星向外排除多余的物质。 这些多余的物质开始形成行星。 太阳系形成。 行星、卫星、小行星和彗星进入了轨道。 地球进一步演化。
冥古宙			
4 500—4 000	4 500 4 300		地球和月球演化成形。 地球上出现了大气层。
太古宙			
4 000—2 500 大陆形成	4 000 3 500		地球上开始了地质运动。 出现细菌，这是地球上最早的生命形态；5%的大陆形成。

时　间			发生的现象或出现的事物
元古宙			
2 500—543 多细胞动物	2 500 2 000 1 400 570		50%的大陆形成；藻类开始通过光合作用制造氧气。 新的大气层形成。 第一个多细胞生物出现。 第一个依靠氧气进行呼吸作用的多细胞生物出现。
显生宙			
543—现在	300 200		泛大陆形成。 泛大陆分裂成两块。

　　化石可以帮助科学家们判断，不同种类的植物和动物最早出现的时间。

代	亿年前	纪	主要现象或出现的事物
原生代	25—5.43	原生代时期	细菌，简单的动物，植物出现。
古生代	5.43—4.9	寒武纪	无脊椎海洋动物昌盛。

代	亿年前	纪	主要现象或出现的事物
	4.9—4.43	奥陶纪	早期鱼类出现。
	4.43—4.17	志留纪	陆生植物和陆生节肢动物出现。
	4.17—3.54	泥盆纪	昆虫和两栖动物出现。
	3.54—2.9	石炭纪	爬行动物和飞行的昆虫生活在森林中。
	2.9—2.48	二叠纪	爬行动物盛极一时。
中生代	2.48—2.06	三叠纪	恐龙的天下,哺乳动物出现。
	2.06—1.44	侏罗纪	鸟类出现,翼龙昌盛。
	1.44—0.35	白垩纪	被子植物出现。
新生代	6 500—180 万年前	三叠纪	恐龙灭绝,哺乳动物广为散布。
	180万年前至今	四叠纪	人类占统治地位。

相关网站

因特网上有大量有用的信息和许多有趣的网站。另外,要想获取关于某一特定话题的信息,可以使用搜索引擎,如Google(http://www.google.com)。通过这种方式找到的网站,有的非常有用,有的则并非如此。为此,我们特地精选了一些与本书讲述内容相关的网站,列在下面。这些网站以提供有用的科学知识为主,并大多附有丰富多彩的图片。

Facts On File, inc.对这些网站所包含的信息不负任何责任。

两栖动物
提供了大量信息来源链接,介绍了各种各样的两栖动物。
http://www.herper.com/amphibians.html

澳大利亚野生动物: 有袋动物
介绍了有袋动物的相关知识。
http://www.australianwildlife.com.au/features/marsupials.htm

BBC教育频道: 进化: 灭绝
解释了地球历史上所有的物种大灭绝现象。
http://www.bbc.co.uk/education/darwin/exfiles/massintro.htm

BBC与野兽同行节目: 化石的形成
生动地解释了一些化石的形成过程。

http://www.bbc.co.uk/beasts/fossilfun/makingfossils/

加州"海龟与乌龟"俱乐部
提供了各种各样的站点链接，介绍关于乌龟和海龟的知识。
http://www.tortoise.org/cttclink.html

动物大观园：哺乳动物
为那些介绍各类现存哺乳动物的资料提供了出色的索引。
http://www.geobop.com/Mammals/

开放目录工程：古生物学
综合列出了各种网络资源。
http://dmoz.org/Science/Earth_Sciences/Paleontology/

古生物：鸟类
对不飞鸟进行了学术性分类。
http://www.palaos.com/Vertebrates/Units/350Aves/goo.html

灵长类网站
提供了关于灵长类的大量图片和详细说明。
http://www.primates.com

生命起源网站档案文件：放射测年法与地质时间表
详尽解释了岩石及内含化石的年份是如何测定的。

http://www.talkorigins.org/faqs/dating.html

UCB,古生物学博物馆：生物群落区
提供了关于生物群落区的事实性知识。
http://www.ucmp.berkeley.edu/glossary/gloss5/biome/

UCB,古生物学博物馆：对巨颊龙的介绍
介绍了一些关于巨颊龙的知识,提供了介绍其他原始爬行动物的网站链接。
http://www.ucmp.berkeley.edu/anapsids/pareiasauria.html

曼彻斯特大学,地球科学系：古生代的蛛形纲动物
提供了非常有趣的蜘蛛化石的照片。
http://www.earth.man.ac.uk/research/projects/1/site/photos.html

密歇根州立大学,动物学博物馆：后兽亚纲动物
介绍了关于有袋动物的学术性知识。
http://animaldiversity.ummz.umich.edu/chordata/mammalia/metatheria.html

密歇根州立大学,动物学博物馆：单孔类动物
介绍了关于产卵的哺乳动物的学术性知识。
http://animaldiversity.ummz.umich.edu/chordata/mammalia/monotremata.html